斯坦福大学
创业成长课

解码互联网趋势下“十亿美金公司”的创业秘密

李笑来 著

天津出版传媒集团
天津人民出版社

图书在版编目（CIP）数据

斯坦福大学创业成长课 / 李笑来著. —天津：天津人民出版社，2016. 4

ISBN 978-7-201-10003-6

Ⅰ. ①斯… Ⅱ. ①李… Ⅲ. ①创造思维学—高等学校—教材 Ⅳ. ① B804.4

中国版本图书馆 CIP 数据核字（2016）第 022726 号

斯坦福大学创业成长课
SITANFUDAXUE CHUANGYE CHENGZHANG KE

出　　版　天津人民出版社
出 版 人　黄　沛
地　　址　天津市和平区西康路35号康岳大厦
邮政编码　300051
邮购电话　（022）23332469
网　　址　http://www.tjrmcbs.com
电子邮箱　tjrmcbs@126.com

责任编辑　刘子伯
策划编辑　杨程程
装帧设计　仙　境

制版印刷　北京凯达印务有限公司印刷
经　　销　新华书店
开　　本　900×1270毫米　1/32
印　　张　11
字　　数　180千字
版次印次　2016年4月第1版　2016年4月第1次印刷
定　　价　46.00元

会不会飞没关系，
但最好做一个不可或缺的人。

如果你想要的东西还不存在，那就亲自动手将它创造出来。

If what you need didn't exist, just create it.

Create

前言一

机遇永远留给有准备的人

警告：前方鸡汤浓重，不喜勿近。

你要知道，谁的人生都一样，到最后，无论如何都是后果自负。

其实，这里记录的更多的是我自己的成长过程，也是我和我的伙伴们一起成长的过程。

写这本书的灵感来自于YC[1]创业课程:《如何开始创业》（How To Start A Starup），课程的主办方是Y Combinator和斯坦福大学，在场的听众主要是是斯坦福的本科生。

2015年春节，我抽出时间开始看这套课程，有收获当然不必说，实际上更多的是震撼和感动。震撼的是，看到

---

[1] YC：Y Combinator的简称，美国著名创业孵化器，扶持初创企业并为其提供创业指南，由著名程序员、风险投资家保罗·格雷厄姆创建，2012年《福布斯》杂志将其评选为“最有价值的孵化器”。

那么多比我年轻许多的人早已做到如此那般的成就；感动的是，这些聪明、勤奋且又实干的人，知无不言、言无不尽，没有半点故弄玄虚。

而让我颇为惭愧的是，几个月前，我就听说了这一课程，虽然知道课程很棒，但却有一点多多少少的自以为是，并没有立刻就看的热情，所以拖了很久，才开始去看、去思考。惭愧之余，我开始向身边的人推荐这个课程，尤其向那些年轻人，甚至还在校园里的小朋友们吐血推荐。在我眼里，只要具备一定程度的自学能力的人都是“成年人”——有很多人，虚长了那么多的岁数，却全无学习能力，这样的人常常比小朋友还幼稚。

我开始陆陆续续地在各种即时通讯工具上建群，参与讨论。在理解他人的收获过程中又一次体会到各种震撼和感动——这是时代进步的红利，下一代人就是比上一代人更聪明，有更多的机会去施展才华，有更多的可能获得更大的回报。

所以，本书的中心话题是：创业。

我之前陆陆续续写过《学习学习再学习》，但有那么几次写着写着就写不下去了——因为觉得其实读者不会把那些老生常谈且显而易见的道理当回事儿——正如他们之前就没把那些道理当回事儿一样。

这次稍微有些不同，因为创业于我来讲，也是必须反复学习、从头再来的事情。所以，这一次不是写书和讲课，而是自己以及自己和小伙伴们一起学习的历程。

有这样一组统计数字：

在视频平台ClipMine上，2015年3月18日，这套课程中第一课的数字是这样的：

- 324K views | 2.4K likes。

而第二十课的数字是这样的：

· 19.1K views | 113 likes。

也就是说，仅有不到百分之六的人看完所有课程——要是用最终第二十课点赞的人数作为分子，用最初看第一课的人数作为分母，得出来的比例是万分之三。

想起来我过去讲课时常说的话，每期班第一课我都会说：

· 我看到你们目光炯炯，我知道你们刚刚决心重新做人……我倒是想知道你们能坚持多久。

人和人起步的时间、地点、空间其实都各不相同，最终每个人能爬到的高度其实也各不相同。不是每个人都有机会爬上梯子的最顶端，对有些人来说，爬过一两格之后梯子可能就断了……

前言二

给那些胸怀大志的朋友们的建议

不要把YC的内容当作“技校课程”，它是货真价实的“教育课程”。这一点对我们中国观众来说，尤其值得提醒。实话实说，中国的学校里几乎没有教育，只有培训。被各种披着教育外衣的培训熏陶多年之后，很多人学习时的想法常常是：“少废话，我不想知道那么多，你就告诉我怎么做吧！”

创业也好，成长也罢，不可能像学习“如何使用×××软件”那样，只要遵循几个步骤，一二三四五六，全部正确完成之后就肯定“搞定”！同样，它也不可能有什么太多的“绝对正确的原则”：只要这么做，就肯定没错！

课程里的许多“原则”也好，“结论”也罢，应用的时候，要看实际情况。绝对不是直接拿来就可以保证正确的，没有什么东西是放之四海而皆准的。

事实上，整个课程系列中，有不少乍看起来矛盾的地方：比如，有人告诫你说“事先要想好”，另外一个人告诉你说“我们成功前转型了12次”；再比如，有人告诉你“创业时远程协作太不靠谱了”，另外一个人不经意之间告诉你“我们是如何高效远程协作的”……

YC创业课的主讲人之一山姆·奥特曼有篇博客，叫：《给那些胸怀大志的19岁朋友们的建议》(《Advice for ambitious 19 years olds》)。这篇文章有相同的观点：别动不动就把什么东西当作放之四海皆准的教条。

在我看来，世上最难学会的就是“具体情况具体分析”——针对这一点，书中会有很多好玩的例子——这个课程里的内容，都可能对，但我们必须在特定的情况下作出特定的判断和决定。

其实，人生最难的问题可能就是：看情况而定。

CONTENTS

目录

Part 1 从点子到公司——创业始于创见 001

Part 2 传教士和雇佣兵
——创业团队十条军规 035

戳中痛点
——做一个有灵魂的产品 069

Part 4 你适合创业吗？——创始人的创业基因 099

Part 5 因为简单，所以困难——执行为什么那么难 127

让所有人都听你的——会沟通就成功了一半　273

Part 1

从点子到公司

——创业始于创见

大公司，都是从一个无法复制的创意开始起步的。

1 能做出完整作品

成长最靠谱的起点是什么?

做出完整的产品，并让它们被广泛接受。

我个人最看中人的这个特质。

只有少数人最终能拿出完整的作品——人与人之间的差异是如此之大，乃至于少数人有作品，更少数人有好的作品，只有极少数极少数人才可能做出传世的作品；而与此同时，绝大多数人（万分之九千九百九十九的人）一辈子都做不出像样的作品，他们连自己想做什么、能做什么都弄不明白。

从一开始就要想尽一切办法做出完整的作品来，哪怕最初的作品很差——但必须完整。那些有完整作品的人，能力、耐力、学习能力都会超出他人许多倍。无论看起来多简单的作品，只要是完整的，其表面之下的复杂程度是那些没做出过东西的人全然无法想象的。

我甚至经常建议我的合伙人们，在招人的时候，把这一点当作最靠谱的判断方式。少废话，少吹牛，给我看看你的作品——这个原则可以一下子过滤掉所有的废物。

另外一个很自然的现象是，如果一个人能做出像样的东西来，那么他身边聪明人的密度无论如何都会比其他人的高出很多。

创见比创业本身更重要 2

山姆·奥特曼[1]提到了伟大的创业公司的几个要素：

- 创见（Great Idea）。
- 产品（Great Product）。
- 团队（Great Team）。
- 执行（Great Execution）。

先聊聊这个“Idea”。关于这里提到的“Idea”，我比较喜欢的翻译是“创见”——不仅仅是“点子”“主意”，甚至，我觉得连译为“创意”都不尽如人意。

写这本书的灵感来自于《YC创业课》，课程的主办方是

[1] 山姆·奥特曼：Sam Altman，天使投资人，Y Combinator董事长，位置服务商Loopt创始人。

Y Combinator和斯坦福大学，在场的听众主要是是斯坦福的本科生。YC现在是硅谷最著名的，当然也是全球最著名的加速器（也可称作孵化器、加速器、创投等等，不一而足）。YC这种投资机构，一直在寻找的是那种最终要么卖给巨头，要么上市的“十亿美元公司”。

所以，在这个语境中所提到的“创业”，不是随随便便搞个公司、或者开个饭馆就叫创业——那些顶多算作“营生”。他们所关注的、讨论的、研究的、学习的，是那种“最终真真切切地改变这个世界，让这个世界变得更好”的、“从0到1”的伟大公司。如果不注意这个语境，那么后面的很多内容，其实都可能会让听众疑惑，甚至误解。

在这个大语境之下，随便拿出一个抖机灵的主意、点子，真谈不上是什么创见。搞搞所谓的“微创新”，虽然那可能是“从1到100万”，可能赚到更多的钞票，却全然无法与“创见”相提并论。其实所谓的“山寨”以及为了美化自己而杜撰出来的概念“微创新”，并不见得是只有中国人才会玩的。德国有一家叫桑威尔兄弟（Samwer brothers）的公司，臭名昭著地连环山寨，也赚了大钱，用这些赚来的钱做了基金，投资了不少著名的公司，又赚翻了……

我曾很认真地问过自己：要不是我自己运气好到竟然早已经财务自由，真不知道应该用什么样的心态去面对这样荒谬的世界；如果我依然在为生计奔波，我是否真的还有底气瞧不起这些呢？说不定会很羡慕的吧？

一个伟大的创见，最好能够“用一句话就能说清楚”，但要做出这样的产品，真的不是随便说说就行的。

前前后后需要考虑的东西就很多：

这是否是真实的需求？（或者说：是否是真真切切需要解决的问题？——人们真的很擅长杜撰伪问题。）

市场是否足够大？（或者换个说法，跑道是否足够长？）

市场成长是否足够快？（一个“快”字可能会顺带解决很多很多问题。）

如果真的因为这个创见创业了，那么，公司成长的策略是什么？

公司如何进行必要的防御？策略又是什么？

当这些问题都需要认真回答，并且需要得到满意答复的时候，我们就会发现，很多的“点子”其实不过是垃圾——根本无法满足我们的追求。

3 怎样才能拥有真正的创见

怎样才能拥有真正的创见？投资家保罗·格雷厄姆[1]认为：

· 学很多值得学的东西。

· 仔细琢磨你感兴趣的日常生活中的痛点。

· 多与牛人在一起（这也是怎样找到合伙人的诀窍）。

“拒绝学习”类型的人最让人无法容忍之处是，他们有各种各样的“合理理由”：

· 我没时间……

· 我的任务已经太多……

· 这事儿不是我应该负责的……

---

[1] 保罗·格雷厄姆：Paul Graham，美国著名程序员、风险投资家、作家、Y Combinator创办者。

- 术业有专攻……
- 没有人可以全能……
- 我也有生活……

——每次听到这话我都忍不住心里暗暗吐槽：就你那个也好意思叫生活？

奇怪的是，他们看到别人多才多艺居然也很羡慕，看到别人跨界如跨栏也垂涎三尺……如果不羡慕的话，他们会选择“恨”：看看有多少人暗地里希望罗永浩的锤子手机失败就明白了。

很多时候，学一点新东西，其实并不只是为了学到那一点什么，更多的是培养自己的学习习惯，提高自己的学习能力。

如果让我建议，我只建议“学很多东西”，把“值得”两个字去掉——因为在决定要不要学的那一瞬间，其实很难知道它到底是否值得学。说实话，很多东西学过、练过，真不一定什么时候用得上，等到用上的时候，就会慨叹，“鬼才知道这东西居然有这么大的用处！”——这时自己会感觉捡着了宝贝。

与此同时，我也建议至少有一样东西要精通到超越绝大多数人的地步。这很重要，因为这是提高学习能力的过程。如果有一样东西你可以学到超越大多数人的地步，那么你随便学点别的什么都会比别人更快更好。

虽然很难，但是，在组建团队的时候，一定要或者最好要只与那些肯不断学习的人合作。拒绝学习的人往往非常善于伪装，一旦你识别出他们，别犹豫，马上开掉——他们肯定会用各种各样的方法拖累整个团队的效率。

肯于学习、善于学习的人，一定表现为拥有强烈的好奇心——遇到令他们好奇的东西，他们会愿意花时间花精力去研究、尝试，甚至总结、创新。强烈的好奇心与那种只喜欢零成本的尝试是很不一样的，而不断学习也是保持强烈的好奇心的唯一有效方式——这也是我们常常用来识别学习能力强的人的一个具体方法。

过去的两年里我常想，要求团队核心成员不断学习新事物，是否只是我个人的偏好，而不是普适的原则——因为好学的人真的非常罕见——而后那少数好学的人最终竟然学歪了的情况也格外地多。但，每次见到真正出色的团队，发现他们中的人无一例外都是好学的，他们每天都在思考，做新的事情，于是慢慢对这个“要求”就坦然了。

4 先从解决自己的需求/问题开始

“先从解决自己的需求/问题开始”是个非常有价值的建议。不过，这个建议也不是“金科玉律”。

当我们学习研究一个行为模式的时候，无非要关注它的三个节点：

- 目的。
- 手段。
- 结果。

于是，拆解一下：

我们的目的是：避免最终做出一个实际上没人真用的东西。

我们的手段是：先从解决自己的问题开始。

我们采取这个手段的结果是：如果我自己就有这个需求，那么它一定是真实的需求；而后，也一定会有其他人也有这个需求。

不过，能达到这个目的的手段只有这一个吗？我认为不是。比如，很明显地，善于观察他人，也是很好的寻找真实需求的手段之一……至于有多少人也有这样的需求，则需要另外考察，还是那句话，具体问题具体分析。

从结果上来看，仅仅保证“这是真实的需求/问题”本身是很单薄的——这个问题要足够重要、解决方案要足够有效、市场要足够大、成长空间要足够广阔……

我自己有个真实的需求/问题：我希望我能随时对我的所有电子书进行全文检索——相当于我自己有个可随时检索的图书馆……基于这个真实的需求，我从来都认为Kindle对我来说，就是个彻底的垃圾——它竟然只允许我在单本书里搜索，而不是在书库中搜索，并且输入的界面和查看返回结果的操作体验都那么差……

于是，我不得不把Kindle送人，只保留Kindle for Mac，而后用Calibre和一个去保护的插件把Awz格式的书籍转换成EPub保存在电脑上。但每次我跟别人抱怨Kindle这方面多弱智的时候，得到的反馈基本上都是一致的：“我觉得没啥啊！”

由此可见，问题的关键在于，做个只能够满足个人真实需求的东西，大抵上很难成为一个创业项目的支撑。

不过，“先从解决自己的需求/问题开始”有更值得一提的众多好处：

- 因为是自己的问题，我们会对解决它有更多的热情和耐心。

· 因为是自己的问题，我们会对解决方案有更精准的判断标准。

· 因为是自己的问题，我们更容易体会到解决它的成就感，甚至产生使命感。

——这是多么难得的东西！

5 不切实际的创业幻想

很多人对创业的看法其实是不切实际的，投资家和老板认为自己并没有人们想象中的那么光鲜。这道理好像显而易见啊，可是为什么那么多人想不明白呢？

贾平凹先生在他的散文《老西安》里讲过一个段子：

许多年前，两个西安南郊的年轻人站在“大芳”照相馆橱窗前，看着蒋介石的巨照聊天。

其中一个说：蒋委员长不知道一天吃的什么饭，肯定是顿顿捞一碗干面，油泼的辣子调得红红的。

另一个说：我要当了蒋委员长，全村的粪都要是我的，谁也不能拾。

曹操劝留关羽，当时曹丞相府上实际情况究竟什么样，当时究竟是怎么说的，我们没办法知道，但可以想象。河南戏里是这样唱的：

顿顿饭包饺子又炸油条，你曹大嫂亲自下厨烧锅燎灶，大冷天只忙得热汗不消。白面馍夹腊肉你吃腻了，又给你蒸一锅马齿菜包，搬蒜臼还把蒜汁捣，萝卜丝拌香油调了一瓢。

这其实是非常普遍的现象，大多数人想象不出超出自己经历之外的世界究竟是什么样子。因为人们总是要依赖自己已有的经历、经验和积累去理解新的、陌生的事物和世界。

另外还有一个重要的因素，就是人们对待同一事物、现象的时候，关注的焦点常常各不相同。至于这究竟是什么原因造成的，心理学家们也各执一词；我的看法是，那是长期积累的习惯，而最初那一刻为什么关注焦点不同，基本上是随机的。

比如，《精益创业》（《Lean Startup Methodologies》）一书中常常提到的一个方法论：

请在乎问题，而非解决方案/产品。

显然，这样的关注焦点变换，会带来不同的思考和行动。

艾伦·列维[1]说："你的工作是了解问题，再为他们提供最佳解决产品。"于是，有人能做到"不是用户要什么就给什么"，原

[1] 艾伦·列维：Aaron Levie，云存储公司Box联合创始人之一兼CEO。

因在于关注焦点并不在于问题本身，而是想尽一切办法找到那需求的根源——即，关注焦点在于更本质的、更深层次的原因，而后给出最好、最简洁的解决方式/产品。

当我有足够的时间思考之时，我常常这样玩：

如果我现在想的是“目的、手段、结果”，可能因为我更关注结果。如果我更在乎手段呢？

如果我现在想的是“过去、现在、将来”，可能是因为我在乎未来更多一些。要是我更关注现在呢？

而在我想到优点和缺点时，对缺点的关注则更多一些，但若我关注优点更多一些，会想什么呢？

不切实际的幻想常常来自于“关注焦点单一”，只用一个基于自我的焦点思考，就只会剩下“羡慕、嫉妒、恨”。如果我们平时贪玩一点，多变换一些关注焦点，常常能产生出高质量的思考来。

如何判断一个人是否聪明 6

对于这个问题，也许我们可以通过以下几个方面去考虑：

- 此人是否拥有足够多且清晰准确的概念？
- 对这些概念之间的联系是否足够了解？
- 是否有足够系统的方法论？
- 是否有一定的成功经验？

1. 是否拥有足够多且清晰准确的概念？

一个人无论多强，无论是否在某个领域早已是顶级专家，只要他面对的是一个完全没有概念的领域，本质上，他与白痴无异。

我常常反思自己，差不多两三年前，在创业这方面，我自己就是个彻头彻尾的白痴——虽然在那个时候，我也开过好几家公司，也真能养活一大群员工。

在做KnewOne之前，我和朋友合伙开了一家留学咨询公司，我们没想过成长（Growth），觉得反正也不大可能做大，不如顺其自然吧；做KnewOne的时候，我开始学着去关注审核一些数据，比如DAU（每日活跃用户数量），当时确实不知道（在其他人眼里完全是基础概念的）一些概念，比如，活跃度（Active Level），留存率（Recention），实际推广效果（Net Promoter Scores）等等……现在回头想，刚开始的时候，我真的是很笨！

差不多一年前，在天使投资这方面，我也是个彻头彻尾的白痴，因为对这事儿完全没有概念。那时候我对“聪明”这个概念还没有现在这么清晰，于是在判断人的时候总是出错。那时候我对“创见”这个概念有着错误的理解，所以常常被烂主意所震撼，也因此常常错过好创见……现在回头想，当初在这方面是纯粹的白痴。

必要、清晰且准确的概念，是一切思考的基石。

想象一下那些脑子里没有“样本有效性”这个概念的人，会多容易被各种乱七八糟的“调查报告”所欺骗！新闻里天天都是这些东西，所谓的洗脑，很多时候就是欺负人家读书太少。

想象一下那些脑子里充满了各种没必要存在的概念的人，他们的生活有多凌乱吧！

“根本没必要存在的概念”其实很多，比如，“燃素”这个已

创业说

燃素:phlogiston，过去的人们认为能够燃烧的物体之中有一种元素，叫“燃素”——否则它怎么可能燃烧呢？现在我们知道了，根本就没有“燃素”这个东西……

经消失了的概念，比如“上火”（“炎症”才是正确的概念），比如“互联网思维”——这段文字肯定得罪人啊！

2. 对这些概念之间的联系是否足够了解？

所谓思考，很大程度上，就是在建立那些概念与概念之间的关联。概念是必要、清晰且准确的，它们之间的关联也应该是准确的。

概念之间的关联，除了我们天生就倾向于寻找的因果关系之外——因为这是我们存活的根本能力（Survival Capability）——还有“相关性”（Correlation）。很容易想象，只有那些认真学过统计概率之后的人们才常常严肃且认真地考虑两个概念（事物）之间的正相关、负相关之类的联系……

在我眼里，所谓的聪明，其实只不过是一个人所拥有的正确、有效知识的总和。至于“智商”，在我眼里都是完全没必要存在的概念，这个概念对人们的成长完全没有帮助，只会让人自认为不需要成长，或者不可能成长。

3. 是否有足够系统的方法论？

所谓“更聪明”，在我眼里，只不过是“学习能力强大”“学习速度惊人”。这些人都是有不断总结、迭代的方法论的。

比如，那些常常审视自己思考质量的人，都会很认真地定义自己所使用的概念：

- 这个概念有必要存在吗？
- 它指的究竟是什么？
- 反过来，它所指的究竟不是什么？

- 它与什么类似？但有什么不同？
- 使用它的时候要注意什么？
- 用错的时候可能产生什么样的后果？

这就是方法论的一个例子。今天的学者们有完整的方法论，叫“科学方法论”（Scientific Method）。管理专家们都有属于自己的结构清晰、效果显著的方法论。有正确方法论的人，成长更快。

4.是否有一定的成功经验？

其实最后一个最重要。什么叫成功经验？不一定非是那种“年纪轻轻已经是上市公司董事”那种，也不一定是“连续三届国际奥林匹克竞赛金牌得主”——这样的人肯定聪明，但他们也不是从一开始就这样的。

那些有作品的人，就是“成功人士”，他们已经做出像样的东西，只是“成功”的程度不一样而已，而他们的成长速度一定很快、更快。更为重要的是，要看这些人的多个作品——作品与作品之间的差异，基本上就是他们进步程度的体现。

另外一个判断方式是看他有无长期坚持在做的事情，然后去看他做得如何。能够长期坚持做事的人，通常不笨，也通常不可能做不好那件事儿。

其实，除了想办法识别谁是真正聪明的人之外，更为重要的一点在于，这种理解会让我们知道如何让自己变得更聪明。

7 是否应该相信直觉

年轻的创业者应不应该相信直觉？

山姆·奥特曼说，年轻人，相信你的直觉吧！保罗·格雷厄姆说，别闹，创业有很多违背直觉的地方。然后很多人就迷糊了——这明显是矛盾的啊！

马尔科姆·格拉德威尔[1]在畅销书《闪念——不假思索的思考》(《Blink–The Power of Thinking Without Thinking》) 中，对闪念之间的判断做了很多描述，中心大意是：

直觉判断是由经验、训练和知识发展的。

也就是说，所谓的直觉判断，虽然看上去是不假思索的，但

[1] 马尔科姆·格拉德威尔:Malcolm T.Gladwell，英裔加拿大人，记者、作者、演讲家，作品涉及社会科学研究领域。

并非没有来历，而是经验、训练和知识的长期积累在瞬间共同发挥作用的结果。

这其实是在试着给“直觉”概念一个清楚的定义。在对直觉没有清晰概念之前，讨论“是否要相信直觉”，或“什么时候应该相信直觉”是没有任何实际意义的。

其实，在创业过程中，“违背直觉”的关键是“反直觉”（counter-intuitive）。说起来，这还真的是教育的核心：如果一切都跟直觉一样，我们就不用接受教育了。

创业说

直觉也称非逻辑思维，是一种没有完整的分析过程与逻辑程序，依靠灵感或顿悟迅速理解并作出判断和结论的思维。见http://www.baike.com/wiki/直觉思维。拥有清晰的概念才能发展聪明的头脑。参阅本书《如何判断一个人是否聪明》。

所谓的“教育”，本质上来看，就是在传递（且是重点传递）那些跟直觉并不相符的知识和经验。

我们站在地上，直觉上大地是平的，然后突然有一天有人想明白了，事实是反直觉的，大地其实是个球……

我们看着太阳升起落下，周而复始，直觉是太阳绕着地球转，然后突然有一天有人想明白了，不对，事实是反直觉的，其实是地球在绕着太阳转……

在没有空气阻力的情况下，从空中落下来一个铁球和一根羽毛，谁先落地？直觉说，肯定是铁球啊！但事实是：在没有引力的真空中均不落地；在引力相同的空间里，由同类物质构成的物体的下落速度，与它们的体积大小没关系——伽利略那一天做的“两个铁球同时着地”的实验，证明了这一事实。

美国的犯罪率在三十年里持续下降，人们凭直觉给出了很多理由：警察局声称这是他们冒着生命危险工作才有的结果，大学说是她们的教育培养出了高素质的下一代，非营利组织说是他们的关怀和努力起了巨大的作用……而芝加哥大学的史蒂文·列维特[1]教授，用详尽的调查统计数据告诉我们，“相关度”最高的理由是三十年前，美国通过了允许堕胎法案[2]，最终，可能很多犯罪分子在还没有出生的时候就已经被干掉了……

随着经验的增加，训练的辅助，知识的积累，所谓的“直觉”也在不断发展。因此，我们不难发现，人与人之间的直觉质量常常有着天壤之别。

好了，我们现在可以讨论“要不要相信直觉”了，也可以讨论“什么时候应该相信直觉”“什么时候最好别相信直觉”了。

定义清楚之后，答案好像是显而易见的：

如果你在某个领域是真正的专家——只有名头没有真知的“砖家”不算数，在那个领域里，你不仅要相信你的直觉，还要刻意打磨你的直觉——通过持续的观察、思考、训练和自我成长。

如果你不是那个领域里的真正的专家，你的直觉分文不值。

所以，山姆和保罗的观点并不冲突，其实，保罗只是告诉那

---

[1] 史蒂文·列维特：Steven Levitt，实证经济学家，《魔鬼经济学》作者，2003年获得过克拉克奖，被称为“美国经济学界的鬼才”。

[2] 即罗伊诉韦德案，该法案颁布于1973年，其内容为美国联邦法院赋予妇女堕胎权。

些尚无创业经验、尚无创业训练，也没有什么创业知识积累的学生：这个，这个，还有那个，都跟你想的不一样；而山姆在回答“如何寻找现在以及将来10年里成长最快的市场”这个问题时说：年轻人应该参考但不要完全相信自己的直觉。这个回答固然有些含混，但至少部分正确，因为“感受并发现飞速成长的东西”，确实是年轻人比老年人更有经验的领域。

8 一个70%的人会犯的逻辑错误

很多的时候，正确地、符合逻辑地思考并不像看起来的那么容易。随便某个逻辑错误，比如“肯定后件”这个看起来非常简单、非常容易识别的逻辑错误，有统计表明竟然有70%的人总是掉进陷阱。[1]

- if P then Q（如果P，那么Q）；
- Q, therefore P（由于Q，因此P）。

其实，这种常见的逻辑错误真的不见得那么容易甄别。

一般来说，伟大的创见有个特征，就是它们在最初的时候看起来很二……于是，就有人这么想：你们都认为我的这个主意很二——嗯！那它肯定是很伟大的创见……

---

[1] 见《随机致富陷阱》（《Fooled by Randomness》）

我个人在尝试回避这种陷阱的时候有个很简单的方法，就是时常问自己："反过来不一定成立吧？"

或者更简洁一点："不一定吧？"

然后花一点时间多想想有哪些可能的反面例子……

许多年来，这种简单的思考让我避开了很多可能导致严重后果的陷阱。

我也会常常这样问自己："嗯，很有道理……不过，需要看情况吧？在什么情况下这个对，而在什么情况下这个并不见得对，甚至干脆是错的呢？"

——那些时不时自言自语的不全都是精神病患者。

9 如何真正理解他人的建议

通常情况下，人们在未经训练因而不能自我调整的情况下，都会自动使用“预筛选”模式获取信息。

也就是说，输入的信息要满足一定条件，才能被真正处理；而那些不满足条件的信息就被直接过滤掉，所以才有这样的慨叹：

- 人们只能看到自己想看到的东西。
- 人们只能听到自己想听到的声音。

在日常沟通中，我们也会发现许多所谓的“探讨”，最终只不过是对方希望获得“认同”而已——理解这一点之后，经常不顾事实地口头认同对方，成了迅速提高“情商”的捷径。

YC的创业课里，有很多好的建议，但似乎并不是所有的人都能够正常接受的，有很多非常好的建议被预先过滤掉了。就是因为大多数人实际上更习惯于“预先筛选”。

Paypal联合创始人，《从0到1》作者彼得·泰尔[1]的言论，就是很容易被“预先筛选”扭曲的。

当他提到赢者无敌（Competition is for losers）的时候，抱着“预筛选机制优先”观点的人肯定坐在下面在想：“嗯？你说什么呢？”

仅仅到此为止还是正常的自然反应，但是他们不会停下来，把过往自己对“竞争与垄断”的观点全部调出来，与彼得·泰尔刚刚说的话进行对比……当然对不上，于是，接着在那里不由自主地去想可能的反驳……

而这个时候，彼得·泰尔当然要自顾自地讲下去，而台下的许多听众已经完全不知道他的体系究竟是什么了……

此后产生的各种“断章取义”几乎是注定的。

培养学习能力的一个重点就是习得“后置筛选能力”，而沟通能力中最重要的也是这一点。

南隐是日本的一位禅师。一天，一位当地的名人特地来向他问禅，名人喋喋不休，南隐则默默无语，只是以茶相待。他将茶水注入这位来宾的杯子，满了也不停下来，而是继续往里面倒。眼睁睁看着茶水不停地溢出杯外，名人着急地说：“已经满出来了，不要再倒了！”南隐说：“你就像这只杯子一样，里面装满

---

[1] 彼得·泰尔：Peter Thiel，美国企业家与风险资本家，对冲基金管理者，Paypal（贝宝）联合创始人，风投公司Founders Fund联合创始人，大数据公司Palantir董事会成员，畅销书《从0到1》的作者。

了自己的看法和想法。如果你不先把杯子空掉，叫我如何对你说禅呢？”

虽然这个故事已经被传滥了，可确实是有道理的。在听人讲话的时候，全神贯注于他当前的内容，暂时放下自己的已有知识和看法，是很必要的。

但这并不意味着说我们必须全盘接受。等我们全部听完了，归纳总结一下所有的观点和要点，就可以开始自己的独立思考了——这儿对不对？那儿有啥问题？他说的这个概念究竟指的是什么？这个逻辑推理是否牵强，那个结论是否合乎逻辑，是否有其他的对立结论……

如果能做到后置筛选，就会知道其实需要思考的东西更多。

10 不是所有的鸟都要飞

也许是停下来多想一会儿的时候了，在前进的过程中，我们最好常常停下来看看自己的状况。

我开玩笑似的总结过创业课程的方法论：

- 创业最重要的三件事儿：产品、产品、产品。
- 团队成长最重要的三件事儿：文化、文化、文化。
- 运营最重要的三件事儿：手动、手动、手动。
- 创业成功最重要的三件事儿：垄断、垄断、垄断。
- 创业最不重要的三件事儿：营销、营销、营销。

这显然是相对更优的方法论。不过，切忌生搬硬套。

在你想出或者遇到真正“伟大的创见”之前，你很难做出伟大的产品。

即便是伟大的产品，也不见得一定会给你带来巨大的商业成功，张小龙之前的FoxMail就是个好例子。我猜如果10年前张小龙上过这套课程，也会有醍醐灌顶的感觉，后面的路就很可能不同了……

在很长一段时间里，第三条和第四条，对很多人来说，可能直接跳过才更合适。

至于第五条，弄不好无论是谁都要认真思考——事实上，“最后再实施营销”（而不是最后才开始想营销）——也是一个很好的营销策略。

于是，又回来了：

成长是痛苦的，最大的痛苦源自对自己当前处境的清楚认识，以及对目标遥远的真切感受。在这种情况下，所有的问题，解决方案只有三件事：积累、积累再积累；完成这三件事儿的前提也只有三个：耐心、耐心更耐心。

如若按照这套课程削足适履，是不可能再走下去的。学习的时候，最忌生搬硬套。即便我们都梦想着成为鸟儿，也不能忘了其实不是所有的鸟都会飞，鸵鸟也是鸟，但它不会飞，也不用飞。

看看下面这个列表：

- 寻求指导（Seek out instruction）。
- 写下一个计划（Write out a schedule）。
- 设定各阶段目标（Set goals）。
- 专注（Concentrate）。
- 放松，慢慢练（Relax and practice slowly）。
- 遇到难的部分就多花时间练（Practice hard things longer）。

- 边练习边用你的方式去表达（Practice with expression）。
- 从错误中汲取教训（Learn from your mistakes）。
- 别臭显摆（Don't show off）。
- 为自己着想（Think for yourself）。
- 要乐观（Be optimistic）。
- 寻求与其他技能之间的关联（Look for connections）。

这是1996年出版的一本书中的建议：《Wynton's Twelve Ways to Practice：From Music to Schoolwork》，对，是学乐器的方法论。

看，在这个世界里，学什么都是一样的，越是难一点的东西越是一模一样：慢慢练，花很多时间——没什么区别，随便去问哪一个大师，都是一样的答案。

回到创业这个领域，我个人还有个建议：

不要因为贫穷而创业。

创业说

注意，开个饭馆在当前语境里不叫"创业"，因为那不算"创见"。

在当前的语境里，创业是为了改变世界，做出能让这个世界发生变化，让生活变得更为美好，且恰好能够实现巨大的商业价值的事。要求太高了吧？对，就是这么高，所以才那么难。

虽然我们常常听说这样的故事：

某某兜里只剩下最后一张纸钞了，或者更惨一点，负债累累，但依然不气馁，情急之中想到了一个点子，转折点来了，从此开始非常努力，最终飞黄腾达……

其实，这样的故事更像故事而已。

可实际上，就算这样的故事是真的，不要忘了，有更多更多的人，最终是被生活拖垮的人。在巨大的压力面前，很少有人能够保持正常的心态。先解决自己的生活，然后再通过耐心和积累去寻找机会，同时不忘了自我成长，以便将来某一刻能够匹配那个机遇，这才是正途。

Part 2

传教士和雇佣兵

——创业团队十条军规

做事要像自己的雇佣兵，想事要像自己的传教士。

为何要谨慎选择合伙人 1

选择合伙人很重要。

经常有人把合伙比作联姻。联姻是以含混不清但肯定美好的爱情作为基础，用明确无误且间或不断的高潮作为辅助，用承载着希望和向往的孩子护航的东西。在这种情况下，所谓的风雨同舟、患难与共，依然并不常见。事实上，真正美好的婚姻，少之又少，充满遗憾的婚姻，则遍地都是。

其实，合伙比联姻难多了。于是，伟大的合伙肯定比美好的婚姻还要少很多。投资人常常对那些认识没几天就“合伙”创业的创业者抱有担忧——这是再正常不过的事情。

合伙人应该像邦德一样？是啊，那样的合伙人多好！可是邦德会跟谁合伙呢？能帮上邦德的人也不会是个蹩脚货色吧？

我们听过很多“一拍即合”的故事，但，在那“一拍”之前，有多少其他的故事与经历，我们就无从得知了。但可以想象，绝对不是两个陌生人随机拍了一下就合到一块儿了。

“聪明”，是课程里对合伙人最推崇的特质。正如我们初恋的时候，也常常考虑“帅气”“漂亮”。玩几次、恋几次，失恋几次……到了真正考虑婚姻的时候，可能要考虑的就没这么简单了。

无论是你去找人合伙，还是别人来找你合伙，估计你都要认真考虑以下几个问题：

- 我了解这个人吗？
- 他的优点、缺点都是什么？
- 他信任你吗？有多信任？反过来呢？
- 他出了任何问题，你都愿意帮助他吗？反过来呢？
- 未来的若干年中，你们能做到荣辱与共吗？

也许还有很多问题应该问，但仅仅这些尚未涉及到技术层面的基本问题，就已经足够过滤掉很多选择的了。

其实，还是要再退回来一步——既然是创业，你的“创见”有多好、多强。如果最终证明那个创见是真正可行的、确实在快速成长的，到最后，你可能会得出这样一个结论：其实无论是谁来当合伙人，只要基础素质合格就可以了……因为那个创见落地、成长是那么的迅速，在这期间，很多问题要么被掩盖，要么被自然地解决。

然而，这样的好运气还是比较罕见的，创业公司常常要转型（pivot），常常要在弹尽粮绝的情况下苦苦坚持，于是，合伙人之间那超越友情的关系才显得那么重要。

所以，千万不要误以为分给人家股份，人家就会自动承担合伙人的责任，像合伙人一样思考、做事。我曾经遇到过团队里有合伙人要求辞职的事情……你能想象吗？一个合伙人说要辞职——他从始至终只不过把自己当成一个高薪打工者而已。

而合伙人的最重要素质是什么？

答案其实与选择婚姻伴侣一样：找到勇于主动承担责任的人，并且双方（或多方）都必须是肯承担责任的人。哦，对了，勇于承担责任的人有个共同的特征，出了问题的时候，他们会先在自己身上找问题。

2 优秀的人需要怎样的激励

优秀的人并不需要被吸引，只需要被激励——对，即便是最优秀的人，也需要不断激励才能做得更好。

怎样激励优秀的人？YC董事长山姆·奥特曼建议从以下三个方面入手：

- 自治（autonomy）。
- 精通（mastery）。
- 追求（purpose）。

优秀的人渴望自治、自主、独立，而他们的素质也确实能够做到这些。自治、自主、独立，并不意味着“孤立”，不与他人合作，不与他人沟通，就好像一个国家当然会自治、自主、独立，但也要有良好的外交手段与他国建立良好有意义的关系一样。

作为领头人，最大的义务和责任就是帮助他们精通必要的领域。为了能够一起实现那个伟大的创见，每个优秀的人都有需要改进增强的地方——通常还真的不是那个他最擅长的事情具备最高的价值。领头人应该想尽一切办法了解他们的真实情况，发现他们必须改进的领域，帮助他们直至精通。技术大牛可能需要提高沟通能力；市场大牛可能需要了解必要的技术……因为只有这样，他们才算是精通了那个创见所需要的若干个领域。

创业公司招聘的时候，常常有各种吸引人的措辞：

- 不加班。
- 可以晚上班。
- 无限零食。
- 旅游+定期团建。
- 最时髦年终奖。

甚至连“前台妹子漂亮”都要刻意提上……这些都确实不错。不过，吸引真正优秀的人，只有一个是最实在的：前途。只有他们才会真正被伟大的创见所吸引，也只有伟大的创见才会吸引他们。

注意：有很大一部分确实非常优秀的人，是厌恶风险的，他们完全没兴趣参与任何创业公司——在他们看来，他们在任何地方都可以获得足够好的收入，根本用不着冒险。这也是为什么寻找共同创业的优秀人才那么难的重要原因，很多人之所以有冒险精神，并不是因为他们优秀，而是因为他们其实一无所有。

如果来一起创业的这些人是优秀的，那么他们付出的机会成本是最高的——事实上，在任何时候，我们都最终发现任何一个“选择”的机会成本都是最高的，高到其他的成本几乎可以忽略不计的地步。也正因如此，智者常常一致地慨叹：人生就是选择。这些优秀的人，虽然当初选择了追随领头人，一起去实现那个伟大的创见，可一旦他们发现机会成本大到不能承受的时候，心态就会发生改变——这是团队开始坍塌的根本原因。

于是，在每个阶段，这些优秀的人都必须有值得追求的目标。这个目标要有意义，要可衡量，要有难度且真实可行——这绝对没有听起来那么容易。因为说一千道一万，如若最初的那个创见不够好，目标就不存在，更不用提阶段性目标了。

问题又来了，那些不断转型直至爆发的团队是怎么做的呢？

其实是他们做成了最困难的事情——把“创业成功”这个最抽象最难以想象的东西当作了目标。虽然说这很难，但仔细想想也无所谓，其实每个人的人生不都是如此吗？

你为什么迟迟不辞退不合适的人 3

很多人跟你一样，迟迟不辞退那些其实并不合适的人。如果问你为什么？你会说，没办法啊！——很多人会有同样的回答，但这显然是自欺欺人的。

事实是怎样的呢？

平庸的人做不出伟大的东西，也没可能帮助甚至没办法参与到伟大创见的实现之中。如果你真有伟大的创见，却不小心招来平庸的人，这并不可怕，马上开掉就是，而且要快，一定要快。

但现在你已经发现他们不合适了，却没办法开掉，这说明什么？最简单、本质、直接的答案是：

- 因为你的创见不够伟大。

而为什么你的创见不够伟大？最简单、本质、直接的答案是：你没足够大的理想，你没足够大的野心。

这是个令人伤心的事实。

不是每个人都适合创业的。

山姆·奥特曼说过，创业是一个机会非常均匀的领域。

但也有需要注意的情况。在创业这件事儿上，年轻人更有优势。其他的不说，面对失败的能力，还是年轻人更强，他们更输得起——因为对他们来说，这本来就是常态。除此之外，年轻人常常有更大的野心，他们有更强的持续战斗力。

对于年轻人来说，自我都尚待证明，身边优秀的人少一些很正常，所以，即便有着伟大的创见抑或天大的野心，也不见得能够吸引来正确的人。但，如果一个创业者已经不再年轻，吸引来的居然还是庸才，那就要小心了。

任何事都没有看起来的那么简单 4

在Genius.com上有这套YC创业课的标注版，很多人在上面记笔记。第二遍看文字版的时候，我很耐心地把别人的笔记都翻了一遍。

凯文·黑尔[1]提到“最重要的就是第一印象”这个观点时说：

“在男女约会的时候，成功与否往往取决于第一印象，比如当你们描述一段感情的时候，往往都会选择从两个人第一次做的某件事说起：你们的初吻，你们是怎么认识的，你是怎么求婚的……你百说不厌，这些其实就是你那段情感的口碑营销内容，同样的道理，公司运营也是如此。人类是由关系驱动的动物，我们会情不自禁地创造和一遍遍人格化我们日常接触的事物，从我

---

[1] 凯文·黑尔：Kevin Hale，在线表单设计软件Wufoo创始人，YC合伙人。

们开的车到我们穿的衣服，或者使用的工具或软件，我们最终都赋予了它们人类的性格设定。我们会对它们的运作方式做一个自己的既有预设，这就是我们与之互动的过程。”

在这段话边上，有网友@jiggity写的笔记，里面有一段我看后觉得很喜欢的话：

· 很多想法虽然乍听起来很简单，但仅是最初能想到它们本身就已经是相当了不起了。

罗恩·康韦[1]说到他投资Google的经历时，说：

· 而今，人人都知道网页排名和相关性成正比，但1998年以前，很多人并没有这个意识。

就是这样，当我们理解了一样东西之后，会觉得它非常简单，但想出它、完善它、通过实践证明它的价值的那些人是很了不起的。

我们常常误以为“这么简单的东西我也会做”——这是肤浅的想法。但凡成大事者，做的事情在别人看起来都是简单而自然的，乃至于他人总是由于完全想象不到隐藏在深层次的那些逻辑，而误以为“这么简单的东西竟然能成功”，进而觉得“一切都是运气”。虽然“狗屎运”确实是存在的，但更多的时候，运气是创造出来的——这个结论貌似有点违背直觉。

生活中有这样的现象，平庸的人就算努力也在各个方面都很平庸，优秀的人虽然不一定处处优秀却可以在很多方面都很优秀。

---

[1] 罗恩·康韦：Ron Conway，著名天使投资人，Google最早的投资者之一。

这其实也是有解释的：

如若一个人在一个方面能做到优秀甚至极致，那么他自然就会懂得一个道理：

精通某个技能，需要大量的练习、重复、自我观察、自我纠正、反思、进阶、自我否定、自我怀疑……以上循环，最终达到一定地步，进而自信……这个过程中反复能体会到的东西就是，越是简单的环节越容易成为短板，所以要格外重视；越是复杂的东西就越需要重复训练——直至最终做到“举重若轻”。

所以，这些人通常不会轻易“低估”什么事情的难度，他们知道那些“看起来很简单”的东西其实真的很难的——梅兰芳教徒弟的时候就很耐心很宽容，总是说：“别急，这事儿很难的！”

又由于这样的经验和态度，他们学任何其他东西也都更快、更扎实、更勤奋，最终更加“举重若轻”。

招聘新人也好，找合伙人也罢，我总是尝试着去花时间聊对方的兴趣爱好，想知道他最擅长做的事情是什么，擅长到什么地步，如何做到的，又因此有什么样的感悟……

这很容易让我在很短的时间里分辨对方是什么样的人。很多人总是异口同声：虽然我目前没有什么特长……但我很愿意学的！我一定会努力——嗯，为了自己的美好生活，请远离这些没有任何特长的人。

5 传教士与雇佣兵

AirBNB 的投资人阿尔弗雷德·林[1]提到公司遭遇山寨，甚至被山寨公司所威胁的时候，说："我觉得我们是传教士和雇佣兵。"

关于山寨模式是否可以成功是另外一回事儿了。虽然我们大多数人讨厌山寨、鄙视山寨，但这好像并不妨碍山寨也是个可被验证的、可成功的商业模式。这一点中国人好像见识更广。

从另外一个角度来说，创业的时候，合伙人也好，第一批雇员也罢，最好都是传教士而不是雇佣兵。

真正优秀的传教士和真正专业的雇佣兵都是那种不达目的绝不罢休的人，但他们有区别：

---

[1] 阿尔弗雷德·林：Alfred Lin，红杉资本的合伙人，致力于消费互联网、移动互联网、游戏和SaaS领域的投资，是Achievers、Humble.Bundle和Stella&Dot的董事会成员。还曾担任Zappos的董事会主席、COO兼CFO。

前者的最大目标是实现理想、传递信念；后者的唯一目标是为了金钱而必须完成任务。

如果合伙人或第一批雇员都像传教士，那团队就伟大了——因为他们有信仰，他们执着，他们简朴，他们不屈不挠……

这太难做到了，因为这样的前提是，那个创见伟大到有着宗教般的号召力。

更多的时候，创业者最终会发现自己身边没有传教士，只有雇佣兵——而且全是那种一点都不专业，一点都不敬业的雇佣兵：他们只在乎自己的待遇，他们只关注自己的风险，他们永远都在等待命令，他们铺张浪费且振振有词……

最令创始人伤心的是，这些雇佣兵同时又很擅长把自己伪装成传教士，总是信誓旦旦，时时刻刻目光炯炯、说话向来掷地有声……

创始人总是误以为给对方一些股份可以“拴住他们”，可惜在雇佣兵眼里，只有“现值”，没有“期值”，除非能当场变现，否则股份算个屁。

雇佣兵很难管理、很难沟通。最职业的雇佣兵确实是不用管理的，他们只要“极高的报酬”——通常是十倍以上而不是两三倍。即便如此，他们也需要至少两样东西：

· 明确的目标，虽然实现过程不用你管。

· 雇主兑现承诺，否则杀无赦。

创始人的难处在于：

1. 在成长过程中可能需要不断调整（至少微调）团队的目标，这却是职业雇佣兵最讨厌的。

2.别说难于兑现承诺了，哪怕拿出两倍的报酬都是不太可能的……

于是，如果创始人不刻意寻找、培养传教士的话，那么他招来的一定是“初级雇佣兵”或者“伪雇佣兵”——这种人充当合伙人或者第一批员工对创业公司或团队来说几乎注定是灭顶之灾。

于是，如何找到有最专业雇佣兵那样技能水平的传教士，就成了最大难题，谁能解决它，谁就成功了至少一半。

那些小心的投资人常常有这样的判断：

· 刚认识几天就在一起合伙的，成功、持久的概率很低。

· 不肯拿低于平均水准工资的合伙人，更可能是雇佣兵而不是传教士。

· 创始人股份比例越低，说明创始人对其他合伙人的依赖程度越高，失败的风险越高。

· 第一批职员的工资越高，很可能说明团队凝聚力越差。

· 没有统一价值观的团队，其实更像是个团伙。

当然，投资人为了避免得罪人，常常并不把这些事实都说出来。因为即便有时候坦诚相见，被投资对象也可能并不领情——事实上，谁都不喜欢被判断，谁都希望自己也好、自己的创见也好、团队也罢，能在瞬间被认同。

创业说

绝大多数风险投资人跟所有投资人一样，都是风险厌恶型的人，而这也是保证他们成功的重要原因。他们之所以被称为“风险投资人”，并不是因为他们喜欢风险，只不过是因为他们关注高风险、高回报的投资类型——仔细想想，选择这样类型的投资恰恰是他们对风险的控制方式。

自尊心太强是进步的障碍 6

本·希伯尔曼[1]提到自己是怎样寻找筛选自己的员工时说到：

当第一次雇佣员工的时候，我会选择那些和我相似的或是身上有几种优秀品质的人，比如，我会找那些工作努力、正直并且自尊心不强（不那么自我）的人，我会找那些有创造性的人，因为他们通常具有非常强的好奇心……

其中的一个特质格外需要注意：是“low ego”——自尊心不强。

这涉及一个很重要的话题：成长的根基究竟是什么？

其实，所谓“自尊心强的人”，不过是很在意自己的表现，很在意别人对自己的看法，很在意很多很多没有什么实际好处的东

[1] 本·希伯尔曼：Ben Silbermann，美国热门图片分享社区Pinterest的联合创始人兼首席执行官。

西，换个说法，就是这种人特爱面子。

有一本书非常值得推荐：《成功，动机与目标》(《Succeed：How Can We Reach Our Goals》)，作者是海蒂·格兰特·哈勒沃尔森博士（Heidi Grant Halvorson Ph.D）。以下的调查问卷摘自此书中译版的第58页。

认真地问自己以下问题，如实地回答自己，给每一个问题打分。完全不同意是1分，非常正确是6分。

· 功课或者工作比同学、同事做得更好对我来说非常重要。

· 我喜欢能让我更了解自己的朋友，尽管有时候得到的不是正面信息。

· 我常常寻找开发新技能、汲取新知识的机会。

· 我很在乎是否给人留下好印象。

· 展示自己的聪明才智与能力对我来说很重要。

· 我努力和朋友及熟人保持开诚布公的关系。

· 我努力在学校或者工作中不断学习与进步。

· 当我和其他人在一起时，我很在意给别人留下的印象如何。

· 当我知道别人喜欢我时，自我感觉会很好。

· 我试图比同学或同事更出色。

· 我喜欢别人挑战我，从而使我成长。

· 在上学或上班时，我注重施展我的本领。

现在请把第1、4、5、8、9、10、12题的得分相加之后除以7，记为X。

再把第2、3、6、7、11题的得分相加之后除以5，记为Y。

最终，你的得分中，X和Y哪个数值更大呢？

X数值更大的人倾向于“更关注表现”（Be-Good Type），而Y数值更大的人倾向于“更关注进步”（Be-Better Type）。

哈勒沃尔森博士在书中尽量不得罪人地说“这些问题没有对错”；在随后的分析中也很克制地不提“更关注表现”有什么不好，而是委婉地提到：

“你可能觉得把‘表现’目标换成‘进步’目标就能极大地影响人生是一件不可思议的事……”

其实，事实很明显，如果一个人的得分X远远大于Y，那么这个人进步的可能性就很小了，因为他太关注自己的表现了，乃至于只要有“做不好”的可能性就直接不做了，对这些人来说，他们的上升路径是被切断的。

哈勒沃尔森博士给了12个问题让你判断自己究竟属于哪一种人。

如何知道其他人是更倾向于哪一种人呢？比如，你想为自己的创业团队招人，看过哈勒沃尔森博士的书后，你会明白，招那些Y数值更高的人是划算的，因为他们更倾向于进步，最终也表现出更容易进步。

不过，他们不一定会对你诚实的……我有个特别简单的办法：

- 你只要看他是不是常常嘲弄他人，同时自己也很害怕被他人嘲弄。

如果这两个问题都是肯定的，那么此人的X值会很高，Y值会相对低。

从另外一个角度看，所谓的“自尊心强的人”，基本上更多地属于“更关注表现”，而那些“自尊心不强”的人，更多属于“更关注进步”，而后者常常有更大的进步空间，也有更为良好的学习习惯——如果你是CEO，你会选什么样的人呢？

最后，一个人是“更关注表现”还是“更关注进步”，基本上是长期的习惯，除非自我调整，别人很难“引导、教育”。我做过老师，长期以来就用各种各样的方式帮助身边的人更关注进步，但成功案例少得可怜。[1]

---

[1] 此处请参看后文（《学习学习再学习》六、七、八、九节）的文章片段。

7 像天使投资人一样寻找雇员

对于如何寻找合适的员工这个问题，约翰·克里森[1]说：

“他们的共同点是：在其职业生涯的早期，或在某种程度上被低估。”

随后，帕特里克·克里森（Patrick Collison）补充道：

“你必须像天使投资人一样思考，才能通过市场寻找到最值得注意的人才。”

这真是非常有趣的类比：像天使投资人一样去找自己的雇员。

从其他公司挖人的时候，创业公司很难挖到一流人才——最直接的原因是创业公司还没有向他人证明自己是一流的公司。

---

[1] 约翰·克里森：John Collison，和其兄弟帕特里克·克里森同为在线支付公司Stripe联合创始人。

从另外一个角度想象一下：如果你是一流人才，猎头肯定都不肯来挖你。你的工资待遇很高——因为你已经被证明，挖过来还要给更高的薪水，给不起。更重要的在后面，被证明的一流人才在一家公司里除了薪水之外还有很多其他的隐形待遇：下级的仰慕，同事的尊重，老板的宽容，自我的满足——这些都是构成惬意生活的基本因素，离开这家公司，对这些人来说几乎是不可想象的。

猎头一般都找目前正处在二流的人，他们才是恰当的目标——因为处于三流的确实始终无能无用。正处在二流待遇的人里，应该有更大的概率存在那些理应属于一流但目前基于种种原因尚未被肯定的人才。在这个现象上，反过来好像依然成立：那些被猎头找到的人，很可能就是属于二流而不是一流的人才；而那些仅因为猎头来找就沾沾自喜，觉得自己的价值“终于被发现了”的人，显然是脑子不够用的——果然注定是二流人才。

现实中，常常有某公司的中层或高层离开公司的时候，带走一票属下的同事。仔细研究会发现，如果这时候原公司并没有重大问题的话，这种团队的成功概率其实并不高，甚至很低。为什么呢？因为带头的人必须承诺更高的待遇，这本身就会降低战斗能量；并且带头人还常常要跟老东家竞争——否则带原班人马干什么呢？这再次降低了价值。于是最终成了二流三流大战一流，而一流都懒得搭理自顾自往前走的局面。

创业公司的创始人，在招人的时候是困难重重的。给不出很高的待遇，却又因为怀抱伟大的创见而急需伟大的人才，因此常常饥不择食，吃下去之后就开始闹肚子……

所谓“像成功天使投资人一样寻找自己的雇员”，本质上就是“要用发展的眼光看待一个人”。此人今天尚未成熟，尚不满足种种条件，但基于什么样的品质，什么样的情况，此人能成大器呢？还好，这样的人其实都有着明显的特征，他们：

- 有强烈好奇心。
- 自学能力强。
- 不断造新东西。
- 属于Be-Better类型。
- 有独立思考能力。
- 方法论明晰。
- 价值观坚定。

理论上来讲，个人成长和商业成长的重要区别在于前者更少偶然，更不依赖运气。于是，要舍得在正在成长的人才身上投资。与“天使投资人”不一样的是，这里所谓的“投资”更可能不是资金，而是投入时间、精力去寻找，如若找到，再去培养，再进一步筛选——虽然依然不容易。

正如在伟大的创见面前风险投资人都是弱势群体一样，在有巨大潜力的人才面前，创始人也是弱势群体，所以要真诚，要想尽一切办法“赚得”与之相伴的资格。如若有一天，你开始抱怨：“是我发现你的，是我培养你的，是我给你机会的——可你却要背叛我！”嗯，肯定是你哪儿做错了。

所谓良师诤友。很多人只做师傅不做朋友，这是最终失去人才的根本原因。如何成为他人真正的朋友，在这里就不讨论了，因为每个人的风格不一样，所以行事方式也不同。

我个人觉得这套课程很神奇。很多人被其名称迷惑了:《年轻人如何创业》，于是以为这课程只适合那些想创业或者正在创业的人看。这有点像很多人希望孩子将来多赚钱，于是送孩子上大学读经济学一样——当然，仅仅因为名字就能被迷惑的那些人，也是够笨的，配不上进步和成长。

在校学生应该看这套课程，大学生，甚至是高中生都应该看，暂时看不懂也要看。

准备找工作的人也应该看，是进大公司呢？还是进创业公司呢？如果真的有选择的话，又如何判断一个创业公司的前景呢？如何知道创始人是否靠谱呢？

投资人也要看——事实上，那些用心的投资人都正在看或已经看了很多遍。

家长最好认真看，即便自己不曾创业，也不再有创业机会——起码通过这套课程能明白自己的孩子应该怎样培养，将来才有可能成为改变世界的那批人。

大多创业团队需要转型 8

“人不可貌相”从来都是很久很久以后的“后话”，在那之前，人人都“以貌取人”。当年我去新东方应聘的时候，被评价“长得不像老师”，于是只好跑出去搞了一副眼镜……后来真的近视了，以致打台球的水平直线下降。

看上去很普通的阿朵拉·张[1]并不是一个广为人知的大神级人物，他们兄妹的项目公司Homejoy在国内也名声寥寥，于是很多人表示张小姐主讲的《做产品，和用户交流，然后成长》这节课没啥意思……

也许是我当过很久老师的缘故吧，在我眼里，张小姐基本上

[1] 阿朵拉·张：Adora Cheung，和其兄阿伦·张Aaron Cheung同为家政O2O鼻祖Homejoy公司（2012年7月-2015年7月）联合创始人，业务主要包括通过在线方式为用户提供家政人员进行服务。

属于“一眼望过去就知道是好学生”的那种人。

她们创业的项目是家政清洁O2O，大学里明显不会有关于家庭清洁服务的课程，但这根本拦不住兄妹俩。

直接应聘去清洁公司上班，买各种可以买得到的书去看，有培训班就马上去参加……

研究一切可以找得到的关于这个领域内其他公司的资料，把搜索引擎上可以找的资料前1000条全都读一遍……要是上市公司的话，就直接去查找S1文件……

公司还小的时候，不可能像Facebook一样有个Growth Team，那么就靠自己来，一切都手动，不要自动——因为自动会有遗漏，且有可能浮于表面……

公司大了，有钱了，也不是直接烧钱打网络广告，而是罗列一切可能的渠道，而后一个一个地尝试。一次只试验一个渠道，失败了，就退回分支，去尝试另外一个选择——直至遍历所有的可能性……

这种做法一看就是好学生在学校里练出来的基本素质：认真、仔细、不怕麻烦。

最干的干货来了：

- “这是我们的第13个项目。”

也就是说，这样聪明且勤奋的兄妹俩也是失败了12次才终于做对了一次。

我见过很多团队，他们东施效颦地信奉一些教条：

- 我们是一个有信仰的团队。
- 我们坚信这个方向是绝对没有问题的。
- 我们只是需要坚持、坚持、再坚持。

事实可能并非如此——虽然说不清楚“事实就是如此”究竟有多大的可能性……

虽然YC董事长山姆·奥特曼说过，最好从一开始就想清楚。

虽然彼得·泰尔对精益创业的创业方法论嗤之以鼻。

但，绝大多数创业者可能最终就是这样的。

最初的所谓创见被证明不过尔尔。

最初也有人看好，但那又如何？

张氏兄妹是在2010年被YC投资的——具体数额未披露——但直到2012年Homejoy才开始运营…… 这两年里竟然12次转型，除了佩服他们的韧性之外，也不得不承认这样一点：靠谱的创见，不是说有就有的。

什么时候应该转型？没有标准答案。

什么时候应该继续坚持？没有标准答案。

有一点倒是可以值得参考，就是成长速度快不快，不快，那就要小心了。

解决莫名其妙的问题的方法

本·霍洛维茨[1]说：

“当你正在作一个重要决定时，你要懂得从各方的角度去考虑，而不仅仅是你的角度，也不仅仅限于你与之交谈的对方，更重要的是那些不在场的人。换句话说，你作重要决定的时候，需要有能力从公司的角度出发，能够把每个员工的观点融入到自己的观点中，否则你的决策就会产生副作用和潜在的危险。做到这一点这并不容易，因为在通常情况下，你作决定的时候会面临巨大的压力。”

这确实是所有管理困境的最大根源：当你的系统复杂起来之

[1] 本·霍洛维茨：Ben Horowitz，创业家，天使投资人，软件公司Opsware联合创始人之一，《创业维艰》的作者。

后，会“牵一发而动全身”。

讲一个我自己的诡异经历：

某个团队招聘了一位算是有几分姿色的女生，试用期没到，就实在受不了其全无能力，只好开掉了。结果，没多久，团队里的一个重要成员离职了，怎么劝也劝不住。再后来，听说离职的那位和被开除的女生登记结婚了……大家目瞪口呆。

谁能想到呢？一个正常的决定竟然带来这么大的损失。后来大家在总结经验教训的时候说，不管男女，一定要找能力强的那种。跟“丑人多作怪”一个道理，能力差的人一定有足够的动力从另外的方向上弥补自己的不足，这对他（她）来讲肯定不是什么坏事，但对团队来说却可能是可怕的祸害。

很多真正做过管理的人对此都有同样的看法。@左耳朵耗子[1]也有这样的见解：

“我现在越来越理解什么是‘对牛弹琴’了。看到有些同学想推动工程师文化，我只能对他们说，不要去推动，应该去寻找，和聪明的人在一起就完了，因为你不需要去解决不存在的问题。”

所以说，解决莫名其妙的问题的方法，就是从一开始就别让问题存在。很多人就是不明白这个道理。就好像经常有人问：“女朋友/老婆不讲理怎么办啊？”哈！谁让你从一开始就不在意对方是不是一个能讲理的人来着呢？

于是，又回来了，降低管理难度的方法，除了霍洛维茨讲的

[1] 酷壳coolshell.cn博主。

那些东西之外，更根本的有两条：

- 只招最优秀的人。
- 尽量保持小团队状态。

只招最优秀的人，绝大多数团队做不到，但也没什么可抱怨的——因为最终成功的肯定不是绝大多数团队。创见要足够好，创始人要有足够的人格魅力和真实能力，项目要真的在风口上……这些都是前提。

而尽量保持小团队状态，同样很难，但要有信心，因为在这个时代里，已经有足够的例子证明小团队才更可能是有核爆能力的单元——想想WhatsApp，想想Instagram吧！

如何正确地开除一个员工 10

YC法律顾问卡罗琳·利维（Carolynn Levy）给出了五条建议：

一、快，马上。

二、直说，别绕弯，别道歉，少废话；最好有第三方在场。

三、马上支付应该支付的费用。

四、切断一切数字系统的访问权限。

五、马上买回所有已经落实的期权。

对第一条，卡罗琳·利维提到一个更有趣的说法："在解雇某个人之前，你不是公司真正的老大。"

不要肤浅地理解这句话。这不是说，为了显示你是老大，你必须开掉几个人。这是说，为了实现那个伟大的创见，最终你必须做很多艰难的事情——被开掉的可能是你的朋友……

第二条里的"最好有第三方在场"，这个特别重要的建议非常违背直觉，但也恰恰因此而格外重要。通常在没有人刻意提醒的情况下，你不会在解雇一个人的时候拉一个第三方在场。但仔细看看之后的三条建议，就知道这个在场的第三方多重要了——起码，此人会向团队里的其他成员传递一个信息：你是公平的——当然，前提是你确实是公平的。

第三条和第五条都是跟财务有关的决定。第三条不必说，第五条重要到必须马上实施——哪怕创始人必须借钱去干这事。让一个不再对公司有任何贡献、甚至可能有副作用的人继续持有公司股票是愚蠢的。

这节课里没有提到的，但却是非常重要的建议是：

做好心理准备，离开公司的人会成为你的竞争对手。

准确地讲，他们并非故意，理由也很简单：他们也不会干别的。

99%的情况下，要么他们出去做一个一模一样的公司，要么他们会被竞争对手所雇佣，开展同样的业务，然后不由自主地利用一切他们对你的公司的了解制订他们的“竞争策略”。虽然你有可能事先要求对方签署了“竞业同业条款”，我可以向你保证那没用，根本挡不住他们从业——他们就是不会干别的。

如果你确实是因为他们能力不够而开除了他们，那么他们可能更有动力向其他人证明你是错的。很少有人愿意承认是自己的问题——如果不是他们自己的问题，那么一定是你的问题，你是个坏蛋，你是个昏君，你不明就里，你没有职业道德……反正，他们更有可能也更有动力去说你的坏话——他们的动力来自于他们反正要证明自己是对的，好的，不是错的，不是差的。

反过来，这也就解释了为什么这个建议很重要：

- 雇人的时候，要小心那些对前老板各种抱怨的人。

这进一步解释了为什么很少有人有潜力成为真正的企业家——很多时候，大多数人会在一些“莫名其妙”的地方栽倒。我的前老板俞敏洪，就是一个反复被那些他开掉的人在公开场合羞辱的人，其惨烈程度外人根本无法想象。但他处理这些事情的方式，绝对是举重若轻，所以我们也经常慨叹，他作为企业家，若不成功，也太没天理了。

Part 3

戳中痛点

——做一个有灵魂的产品

把产品做简单，将细节做到精致。一定要先有伟大的产品，才可能有后面可能的伟大结果。

1 精通你的用户

如果你真的能做到精通你的用户，那你做出来的东西一定有很多人爱到死；如果你并没有精通你的用户，你可能面临很多“百思不得其解”的障碍，比如：

· 我的产品这么漂亮，怎么就没人用呢？

· 你看那什么什么，丑得要死，用户体验那么差，怎么偏偏就那么多人用？

再比如：

· 这个绝对是硬需！……呃，反应竟然并不热烈。

抑或看着某一款最近火爆的产品，想：

· 这是什么狗东西啊？

相信我，你并不孤独。

在20世纪90年代，出国留学是硬需，留学考试应试培训也是硬需。满足这个硬需的新东方最后在美国上市——但，你要知道，在20世纪90年代初，北京有无数的培训机构，绝不止新东方一家。

我的前老板俞敏洪是我比较近距离见过的“精通他的用户”的人。他知道自己的学生不是智商低，不是没毅力，只是需要不断鼓励，间或也需要放松一下。所以，他会没完没了地在课堂上讲成功学故事——当然，20多年以后，这些故事成为了被人鄙视的鸡汤，他也讲段子，吹吹牛，甚至默许其他老师在课堂上讲五颜六色的段子……交钱来上课的学生们听嗨了，回去该干吗还干吗。可是，学生不就是这样的吗？总有真努力的，于是，显现出来的结果就是那些去新东方学习的学生有不少陆陆续续都考出了好成绩，后来出国了……于是市场开始有反应，于是，那个时期的清华北大学生互相传言：“去新东方倒不一定能出去，但不去新东方一定出不去。”

至于什么词根词缀记忆法、各种应付考试的奇技淫巧从来不是新东方的核心竞争力。

对比另外一个从讨论组里听来的据说已经传烂了的段子：学校边上旅馆的大爷听来开房的学生们说是来开房上自习，然后就把床撤了改成自习室，满心欢喜等着受欢迎，然后，就没有然后了。

深入本质和浮于表面两者之间的鸿沟，确实是绝大多数人无法跨越的。

这里可以重新提一下那个方法论：从满足自己的需求开始。

如果某项需求是自己就有的，从满足这个需求开始看起来不错。但，“我自己就有这个需求”和“我在这方面精通我的用户”还相差十万八千里呢！

“我自己有这个需求”和“别人也有这个需求”，相差十万八千里（之前我举过的例子是，我需要电子书的全库全文检索，不仅要有，还要更好——可别人却不见得需要这个）。

“我自己有这个需求，也有别人有这个需求”，和“真的很多很多人有这个需求”——要多到一定地步的需求才能支撑一个创业项目——依然差十万八千里，想想那些看起来不错后来却关掉的服务吧，比如谷歌的RSS订阅服务（这个例子很可能会被相当多的人认为并不恰当）。

即便这是个确实能够撑起一个好的创业项目的真实需求，“我是否能做好，做得比别人好，好10倍”，也是个很大的问号——接下来还要看解决方案、要看团队、要看执行、要看是否执着……

创业说

天使投资的时候，最大的陷阱就是“投资冲动”。这三个小问题是我让自己冷静下来的最简单、最实用的方法。人与人之间的兴奋沸点不一样，我个人属于很容易兴奋的人，所以必须给自己设置一个方式过滤掉不必要的兴奋。

如何精通自己的用户？ YC课程里有很多方法论：

- 想尽一切办法亲自去找用户——而不是采用程序员喜欢的自动的方式。
- 做更深入的，能够获得用户真实答案的调查。

· 关注各种各样的进阶指标，DAU[1]、Retention之类。

不精通用户，就无法有靠谱的创见，无法做更好的产品，无法更快地成长。创业时出现的一切问题大多都可以归结于“不够精通你的客户”。

从“满足自己的需求”开始，是个好起点，之后呢？就要“满足别人的需求”了，这不容易——真不容易。

我的一个项目合伙人（他做出来的产品不用任何PR，初期每天都可以增长几万用户）曾经跟我分享他的方法论：

“我想的是，如果我做出来之后，放在那里，会不会有陌生人主动来用？会不会有很多陌生人来用？他们会不会把这个东西推荐给身边的人？”

这段谈话对我很有帮助。从那之后，我开始不再把我自己的所谓影响力当作优势了。曾经我还真把那个当回事。2013年年初做KnewOne的时候，客观评价的话，如果是个无名的程序员写出那么简陋的一个东西，断然是没人看的。

再后来发现影响力甚至可能是劣势：大家对李笑来都很客气，李笑来说做了个什么东西，大家来看看，不懂的说“好啊！李笑来又做了个啥”，懂的那些人看出问题，却也不说，觉得说出来可能得罪我，得不偿失，悄悄地走了，正如悄悄地来……

还有一个普适的方法论：无论做什么，都可以再问一遍：“更本质的是什么？”

---

[1] DAU：Daily Active User的缩写，即日活跃用户数量。

如果用户有这么个需求，那么更本质的原因是什么？

于是，就有了很多这样的思考：

· 用户要什么就给什么是不对的，因为大多数用户不可能对你的产品有全面深入长期的打算。

至于以讹传讹的“用户就是白痴”（据传来自乔布斯），其实是肤浅的看法。用户那么白痴的话，早就被更差的产品抢走了——显然差的产品更多。

这个我倒是相当同意：一切能够满足人性弱点的产品都是令用户热爱的。比如，如果你能让用户再懒一点再懒一点，那他们就会爱你多一些再多一些。

IPod当年做那么大的容量却不允许用户选歌，或许可以“事后诸葛亮”地这么分析，它满足了以下条件：

· 所有人都贪多。

· 所有人都多多少少有好奇心（喜欢不用操作的随机）。

关于精通用户的方法论，我推荐斯坦福大学教授尼尔·埃亚勒（Nir.Eyal）的一本书：《如何让消费者对你的产品上瘾》（《Hooked：How to Build Habit-Forming Products》）。

2 如何知道自己的产品不够好

我们当然希望自己的产品就像种子那样有着无法抑制的力量，破土而出，即便上面压着块大石头，也要倔强地长出来，直至参天大树……

可事实并非如此。更多的时候，我们亲手种下的，可能并不是种子；即便是个真的种子，也需要为它浇水，等它真的长出来了，也还是需要呵护才行。即便是已经向世人证明自己的创见和产品都足够伟大的Facebook，依然一直需要一个专门的“成长团队”（Growth Team）去做无数的细节工作——成长从来都不是全自动运行、全自然发生的，这意味着你必须进行非常非常艰难的工作，且要迅速地完成它。

对于创业公司来说，成长是唯一的存活途径，小公司、小团队更是如此。一切都要靠自己做，在线家政服务公司Homejoy联合创始人中的阿朵拉·张辛酸地说过，我们不是大公司，没有什么成长团队，所以一切都要靠自己做……是啊，公司越小越需要成长。

亚历克斯[1]认为，如果你是个初创团队，就不要有什么专门的成长团队了，因为团队中的每个人都应该负责团队的成长，而要想知道自己的产品够不够好，最重要的指标只有一个："留存率"（Retention）。

留存率很重要，但归根结底，还是得先有好产品才谈得上留存率。事实上，好产品也不一定就自动有很高的留存率，否则Facebook也不需要专门建个部门来关注这事情，但反过来，如果留存率不高，就说明产品肯定有问题。

这其实并不是什么"新鲜"的理论，留存顾客比满足顾客的期待重要得多，它之所以可以超越满足顾客的期望值，是因为留存的顾客会变成你产品的拥护者。

对此，亚历克斯的建议是要经常问："什么时刻感觉最奇妙？"

这个问题对Facebook的用户来说，就是看到朋友也在这里的时候；而对用AirBNB网找房的用户来说，就是找到心仪房子踏进房门的那一刻……

对很多产品来说，这可真是个简单却又难以回答的问题。因为我们的大多数想法都是那么平淡无奇，谈不上是什么创见；而我们的产品往往都是那么平庸乃至于令人觉得兴致索然……

---

[1] 亚历克斯：Alex Schultz，Facebook副总裁。

不过，这个小问题对正在路上的创业者来说，已经是相当于可以用来挖金矿的铁锹了——虽然自己的产品还不够伟大，但起码可以通过这个问题得知自己的产品还不够好；也可以通过不断思考追问这个问题把自己的产品逐步变得精彩——尽管只是也许。

由此看来，平庸的产品是一样的：它们都没有使用户感到神奇，也不可能超出用户预期。

而如果以下两个特征出现了的话，那就说明产品有问题：

- 留存率低。
- 成长缓慢。

反过来，这两个指标也应该是投资人最关注的。我们常常会看到一些其貌不扬的产品被投资人重视，可能就是败絮其外的情况下，真的金玉其中——留存率高，增长迅猛，乃至于数据图表中经常看到陡峭的上扬。

那么，如何做一个有灵魂的产品？请看下一节。

3 做一个有灵魂的产品

Wufoo创始人凯文·黑尔是YC第二期的学生，从YC拿到了11.8万美元的投资，创建了一个叫WuFoo（http：//www.wufoo.com）的在线表单提交网站，最后在2013年卖给了网络调查公司Survey Monkey，成交价是3500万美元，投资回报率高达29561%——近300倍。

这让我想起2011年的时候，网上突然出现了一批做在线表单生成的网站……现在也都不知道怎样了。

于是，我在网上搜到了一个中国网站——问卷星。在互联网档案馆（archive.org）上看了看它的历史，竟然发现这家中国的做问卷调查的网站比wufoo.com创建得早多了……这倒给了我们一个很好的样本去比较两个做的事情看起来差不多，但最终结果却有天壤之别的公司。

其实这不单单是产品的事儿了，而是产品灵魂的事儿。

有些人就是更有所谓的灵气，好像从很小的时候这种差异就存在。有的人就是很好玩，天天不知道哪儿冒出来那么多好玩可爱的主意。最夸张的一位朋友给自己家里的每一样东西都取了名字。

他们做出来的东西，就是招人喜欢，而且是毫不客气地招人喜欢——往那儿一放，就是有人喜欢。

我一度以为这是天生的气质，但最终发现这种东西也是可以习得的——因为我自己天生不是这种人，如果说有一点这样的本事，也绝对是后天练出来的。

而且练的方法其实很简单：只要经常花时间多去琢磨一个简单的问题就行。每次做完东西之后（build something），都要问自己：

“如果这还是个木头人，我要给他注入灵魂，那我应该干什么？”

这种问题也许在很多人眼里是无聊的吧，但就是因为不停地问这种看起来很傻的问题，所以我后来经常能“于无声处听惊雷”——虽然很多都是“暗例子”，不太好举例，但倒是有个长久公开的样本：knewone.com。

如果访问KnewOne的网站，你不妨把鼠标停留在KnewOne小怪物的图标上，你会发现它在不停地颤动……然后有一行字出来：

- KnewOne，根本停不下来。

这是后来的版本了，最初的时候，还没有这个动画。由于沙昕哲、李路和我都不懂所谓的设计，担心网站上线之后太难看，于是，我们花了很久的时间在网上搜索，后来买了一套某个阿根廷人设计的图标，然后，设计成这样：

- 网站有100+个Logo。
- 每次访问网站的时候，就随机显示一个。

然后就有用户连续刷新了不知道多久，最终得出个结论：

KnewOne总共有122个Logo！

做个用户喜爱的产品，除了大家都知道的道理之外，我认为还有另外一个特别关键的点：

你作为创造者，你自己就要做一个“招人喜欢的人”“有趣的人”——当然，从更高层面来讲，“无论如何，都要做一个有灵魂的人”。

4 不信不如不知

真正有用的道理，常常都简单而又朴素，却只有少数人真正笃信——而大多数人其实骨子里是不相信的。

投资家阿尔弗雷德·林提到过甘地的这句话："信仰决定思想，思想决定措辞，措辞决定行动，行动决定习惯，习惯决定价值观，价值观决定命运。"

一个公司真的要有文化（Culture）吗？

我觉得要有，道理很简单，一个生命要有灵魂才有意义。但更多的时候，我们会发现很多的公司只不过是假装有文化——那文化都是假大空的，公司内部其实根本就没人相信。假装有文化比没文化还吓人。

Zappos[1]的文化，朴素又简单：

“让你的用户尖叫。”

——朴素、简单，却又值得追求。

越是朴素、越是简单的道理，越难贯彻。

光想给用户提供极致的服务是不够的，要做到把这种观念植入到骨子里，每时每刻，心心念念都在琢磨怎么才能做到极致。

其实没有完美的东西，但那些整日里都在琢磨，整日里都在改进的人做出来的东西，就是更完美的——抵达了依然不完美但他人却根本无法超越的程度。

每个团队的文化必然各不相同。但有一点是相通的：优秀的团队都恪守自己的原则——无论大小。

把理解深入到笃信，把遵循深入到恪守，直至深入到像与生俱来一样——这很重要。

我在自己带过的所有团队里，一直推崇“不断学习”的文化，我讨厌不进步的人，我讨厌故步自封的人，我讨厌没有好奇心的人，我讨厌不肯尝试新事物的人，我讨厌不肯自我调整的人，我讨厌为了面子不讲道理的人……这种人是没有前途的，不能给他们机会污染你自己的生活和工作。

曾经一度，很多人因此表示跟我在一起有压力，甚至出现过“集体辞职”的情况。但随着时间的推移，我开始明白，那时候只不过是我自己不够优秀而已，所以吸引到身边的，都是本来就不

---

1 Zappos：美国最大的网上鞋城。

够优秀的人。另外一方面随着时间的推移，身边优秀的人越来越多，就越来越不用鼓吹学习的好处了——因为大家都在拼命进步。

再小一点的原则，有的时候也要制订。我讨厌那些讨论问题的时候，不就事论事，只坐在那里揣摩他人意图的人——这些人适合去当公务员，而不是创业。但凡发现谁有这样的特质，不经警告直接开除。

如果你真的笃信一个原则，就把它当作宪法，不能让任何其他的“法律、法规”与之冲突，绝对不能用“水至清则无鱼”之类的和稀泥理论模糊了界限——因为每一个含混不清的节点最终都会和其他含混不清的节点共同作用，形成几何级数倍增的混乱。

谁需要营销 5

以下内容格外容易引起争议，小心！

有人问布莱恩 · 切斯基[1]："AirBNB[2]究竟是一家营销公司，还是技术公司？"

布莱恩的回答是："我们是家技术公司…… 我们也是家支付公司……我们还要应对安全和信任问题……反正真的不是营销公司。"

这给人的感觉是，被认为是不是技术公司无所谓——但被认为是个营销公司，似乎对他来说是个耻辱。

营销到底怎么了？

---

[1] 布莱恩 · 切斯基：Brian Chesky，房屋租赁网站AirBNB的联合创始人之一兼CEO，曾做过风险管理和策略师。

[2] AirBNB：AirBed and Breakfast的缩称，即空中食宿，一家为旅游人士提供家庭空房服务的网站，用户可以在该网站上发布、搜索房屋租赁信息并进行预订。

这套YC课程是“强方法论”课程，主导整个课程的一些方法论已经反复重现：

- 创业最重要的三件事儿：产品、产品、产品。
- 团队成长最重要的三件事儿：文化、文化、文化。
- 运营最重要的三件事儿：手动、手动、手动。
- 创业成功最重要的三件事儿：垄断、垄断、垄断。
- 创业最不重要的三件事儿：营销、营销、营销。

在这个问答环节中，布莱恩对“你们是否已经开始垄断”这个问题拒绝回答。但我们都知道AirBNB前后拿到几轮天价投资——而那些拥有相近方法论的投资者要是没看到垄断的可能性和事实的话，是绝对不可能分批次蜂拥而入的。

到了最后一节课，山姆再次提到，市场啊、公关啊，都是次要的，务必要先盯紧产品……一定要先有伟大的产品，才可能有后面可能的伟大结果。

那谁需要营销呢？参与竞争的那些公司。

营销有没有用呢？竞争之中，弄不好全靠营销。

所以，反过来看，若是你很依赖营销，很可能就说明你并没有处于垄断地位。

于是，在这样的方法论体系中，成为一个营销公司确实一点都不酷。

餐饮O2O公司DoorDash的创始人斯坦利·唐也是从“营销大师”的光环下走出来后，再也不谈营销，铁了心师承保罗，只谈“从无法规模化的事情开始做起”（Do things that don’t scale）——

仔细想想，这个方法论的目标从一开始就是垄断、垄断、再垄断；先小垄断、再逐步扩张、再大垄断——最狠的还是要靠各种市场化（非行政化）的手段做到长期垄断……嗯，正所谓“少有人走的路”。

6 做一个有知觉的产品

Square前CEO凯斯·拉波斯说："一定要做有知觉的产品。"

我喜欢有知觉的产品——这是做KnewOne时学会并养成的习惯。现在开发者可以利用各式各样的工具监控自己的产品每一处被点击、被查看的数据。

当我有机会与某个团队谈他们的产品时，我最喜欢看的就是他们分析数据的方式（要是连数据都不给看，那就不用谈了）——这是我做DD[1]的最根本依据。

连我一个外行都很奇怪，怎么在今天还会有那么多团队在维护一个完全没有知觉的产品，他们连瞎子都不如，那产品完全是木头疙瘩。少数团队确实给自己的产品加上了一些监控指标，但

---

[1] DD：分布式数据库的缩写。

粗糙得像单细胞动物。只有极少数极少数团队花很长时间，用很耐心的方式一点一点给自己的产品加上各种各样的知觉，然后再用很高级却又很简单的方式分析、处理、回应这些知觉，这样的产品才是有生命的。即便如此，还是不够，因为有了生命之后还要有灵魂，否则无法称雄称霸。

怎样才能为一个产品注入灵魂？凯斯·拉波斯其实在这节课里有回答。他引用了美国橄榄球教练比尔·沃尔什（Bill Walsh）的一本书——《得分负责本身：我的领导哲学》《The Score Takes Care of Itself:My Philosophy of Leadership》里的一段文字：

· 如果你每天都在深夜3点起来对着录音笔录笔记，胃总是很难受，总是失眠，没有幽默感，总是担心有事情要出错——那么你可能走在正轨上。

一个产品经理，在为自己的产品加上各种各样的知觉之后，把那些知觉当作自己的神经末梢，用自己全部的时间精力去处理那些知觉，有灵魂的产品经理做出的产品就这样有了灵魂。这不是鬼话，这是我见过的顶级产品经理最自然不过的行为习惯。

7 透过表象看本质

关于如何做好用户调查，艾米特·希尔[1]认为，本质上来看，就是在说“如何做出一个用户真正需要的产品”，以用户反馈作为产品开发的驱动力。

某种意义上，这是保罗·格雷厄姆之前《精通你的用户》中某个观点的详细论述。

艾米特·希尔的观点和大多数成功的产品经理一样，第一步就是“最好做自己就是用户的产品”，因为这样从一开始就起码有一个真实用户。

由于“自己”只不过是一个人，所以肯定不够，于是要想尽一切办法跟更多的用户打交道，不仅要与更多的用户打交道，更

[1] 艾米特·希尔：Emmett Shear，视频流媒体服务Twitch.tv联合创始人兼CEO。

关键的点在于“要跟更多的关键用户打交道”。

其实这并不是什么“高级技巧”：一切的思考质量都来自于思考者是否能够做到“透过表象看到实质”。

艾米特·希尔举的例子是，在Twitch这个平台上，关键用户是那些直播者，那些自己玩游戏给别人看的人。这些用户相对于那些只看不玩的人对Twitch来说更重要。

而接下来，艾米特·希尔关于如何向用户提问的若干“技巧”，无非都是同样的思考模式，比如不要采取“单刀直入式的提问”。

解决问题、探寻问题，都绝不能仅仅流于表面。崔健的《像一把刀子》里面有这样一句歌词：

- “这时我的心就像一把刀子，它要穿过你的嘴去吻你的肺……”

解决问题的时候，我们就要用这样的态度，往往要穿过问题的喉咙去探它的肺才可以找到答案——像一把刀子。

我喜欢崔健的这个类比。绝大多数人确实不是一把刀子，更不可能是一把锋利的刀子。只有少数人，好像有火眼金睛，能够一下子抓住问题的本质，这是一种需要长期自我训练才能获得、才能打磨的能力。

说来说去，迂回和旁敲侧击，是做好用户调查的关键。

在这一点上，那些经常阅读心理学书籍的人可能更有体会——为了获得真实的、有价值的反馈，心理学家们费尽心机地设计各种问题。最近最好玩的一个例子是著名情绪心理学家阿瑟·阿伦（Arthur Aron）刊登在《纽约时报》上的一篇论文《你这么做，想爱上任何人都可以》(《To Fall in Love With Anyone, Do This》)。文章中，阿瑟·阿伦设计了36个问题，任何两个条件差不多的人（哪怕是陌生人），在认真共同回答完这些问题之后，最后再对视4分钟，就会彼此坠入爱河……仔细阅读那36个问题，再仔细揣摩这些问题的作用，你就会明白这些问题设计得多么精巧。而“重新定义”自己的行为，某种意义上也是一种“透过表象看透实质”的例子。

8 销售必须亲自来

总体上来看，YC创业课是不提倡做好产品之前就考虑营销的，甚至反复告诫，营销是创业中最不重要的事情……结果，在总结的时候，却着重讲了销售。

这看起来稍微有点矛盾，但其实并没有。YC的这套创业课程是强方法论课程，与此同时却又不是“职业培训课程”，“具体情况具体分析”是贯穿始终的原则。

做好产品，把产品做到最好，最被需要，最被热爱，是最本质、最强大的销售。精通你的用户，是最强大的销售工具——我从心底里认同这些基本的方法论。

下面是我在2007年写的一篇文章《销售的境界》：

大学毕业之后做的第一件事儿就是销售。销售是很神奇的一种工作——你不创造，但却可以获得价值。于是，很快沉迷于这个工作之中。拿着一样东西，管它是什么，就把它卖出去，换成真金白银，然后再买更多的东西去卖。有很多人跟你卖同样的东西，但你卖得比他们多，为什么？因为顾客信你的，不信别人的，或者是更信你的。三寸不烂之舌有的时候很重要，有的时候一点儿用都没有；随机应变或许可以增加更多的利润，也可能瞬间让你好不容易获取的信任消失殆尽。终于有一天，我明白，原来我之所以卖得比别人贵，还比别人多，是因为我在销售梦想。人买一样东西，往往是为了满足心愿。而人们所谓的某个心愿其实就是他所拥有的梦想的某一部分之体现。于是，我整天在揣摩每个人的梦想是什么，因为，如果你知道一个人的梦想是什么，你总是可以找到能够满足他的产品或者产品的某项功能。于是，我卖得更好，好到其他同行只能望我项背唏嘘汗颜之地步……

突然，从某一天开始，我不再以我能卖得贵还卖得多而荣。我开始腻歪这件事儿：面对一个人，倾听他的每一个言辞之间的隐含信息；判断他的每个可能的欲望；然后用各种手段告诉他，花钱买我的东西的理由；或者干脆让他自己想出花钱买我的东西的理由……我不喜欢，越来越不喜欢。因为，我突然发现，某种程度上，这就好像一个体格健壮的人去欺负一个身体瘦弱的人——只不过，我的“肌肉”是健壮的思维。尽管我可以安慰自己，我卖的东西本身确实是好的——这是事实，但是，我依然觉得自己的这个技能非常没劲，并且，只要我自己一不留神，就可能被自己滥用。与此同时，我的销售技能却无视我情愿与否飞速提高。最初我只是面对某个顾客进行销售，然后就是销售给一群人，再后是培训复制一批跟我一样能销售的人，他们再把东西卖给更多的人……

我退休了，当然也是因为另外一个更重要的原因——父亲大病。再后来，我去了一个民办机构做老师。六年，我不再因为我的销售能力收钱——起码不直接销售，不直接收钱。我的课针对的是英语考试，科目是阅读和作文，可是最终，还是发现我在销售一个梦想——听众想出国，听众想与众不同。我想只讲英语，只讲作文，可是听众不允许，他们会用低分惩罚我。可是，如果非要逼我销售梦想，谁能做得过我呢？我咬了咬牙，对自己说，好吧，满足你们。谁让我需要钱呢。不过还好，就像我刚刚说的，我不用直接收钱这件事儿多少可以使我心境平和一些。于是，我挣扎着做一件事情：主要卖知识，为了保障学生评价最高（其实是为了自保）适当卖些梦想。但是，“人人都会成功”这类的鬼话我坚决不讲，倒是“永不轻言放弃”在某些时候确实有道理……

我又退休了。可我也得做些什么。某一天，乔布斯介绍Iphone的一次讲演一下子击中了我。他面对观众，左手从裤袋里拿出Iphone，然后缓慢地把手臂伸直，把掌中的Iphone展示给大家，一言不发。精美的设计，使观众掌声雷动。等掌声结束之后，乔布斯又做了一个动作，把手中的垂直方向的Iphone转成水平方向；观众们看到的是Iphone的靓丽屏幕上的画面自动旋转了90度——掌声雷动。乔布斯依然没有说话，等掌声平息之后，他的右手伸出两根手指，在Iphone的屏上捏了一下，那画面竟然随着手指在屏幕上的滑动缩小了！——掌声雷动，哨声不断。他又把那两根手指展开，画面又展开了！——观众们已经彻底疯狂了，更长时间的雷鸣般的掌声……

好多年来我在想却不是很容易表述出来的东西，现在我可以一下子说清楚了。乔布斯是卓越的销售，于是他做的事情与其他的销售做的完全不同。大多数销售做的事情就是这个：买进来东西，然后再以更高一点的价格卖出去。当然，这之中有一些是优秀的销售，他们做的是比别人卖得多，卖得贵。卓越的销售与其他销售不一样，这些卓越的销售不在“说服”他人上浪费任何时间，这些卓越的销售把时间精力花在去寻找甚至制造需求上，真正的需求，然后做出一个谁都需要的、谁都喜欢的产品或者服务；而后只需要做一件事情：展示。

做足功课。

这是我在英文中读到的最有用的句子。道理全都是一样的。买股票前，做足功课，买入之后就可以不管了；写文章之前，做足功课，想清楚了之后，照写出来就完了；销售之前，做足功课，找到真正有用的产品或者服务，展示就可以了。

泰勒·波斯马尼[1]的说法几乎是如出一辙：

· 尽最大努力去发现用户的需求，试图对顾客的问题进行深

---

[1] 泰勒·波斯马尼：Tyler Bosmeny，教育技术开发公司Clever联合创始人兼CEO，公司主要业务是通过简单统一的API，向教育机构或用户提供整合后的学生数据。

入的了解，这才是真正伟大的销售奥秘。

然而，即便是你做出了一个很好的东西，也不是每个人都可以像乔布斯一样站在台上展示一下后，所有人就都跟着疯狂了。很可能你还是要退回原点，想尽一切办法去说服他人。

这活不好干。很多创业者的解决方案如出一辙：找个“销售专家”——这是最典型的“回避困难”——把最难的事情交给别人干，妄图让困难、困境自动消失，这从来都是弱者一贯的选择。

泰勒·波斯马尼说：

· 我学到的是：真正的销售人员，其实是创业者自己。

对啊，你是创始人，你不干谁干？你不会谁会？必须你干，只能你干，没有其他选项，也没有任何借口。

Part 4

你适合创业吗？
——创始人的创业基因

不要为了创业而创业，创业需要创业者投入极大的热情。当创业是解决问题的唯一途径时，这个时候创业最容易成功。

1 创始人的世界

人们身处同一个世界，但好像都各自生活在不同的世界里一样。

就说勤奋这事儿吧。在别人眼里，有些人格外地勤奋，但是在那些所谓“勤奋的人”的世界里，有“勤奋”这回事儿吗？

我很怀疑。我是个经常被描述为“勤奋”的人，有时候我自己也顺着这种说法评价自己，“要是这么看来，我可真的是非常非常勤奋”。可事实上呢？事实上那不是勤奋，那是“事情还没做完就难受”“一想到明天还得干这事儿就恶心，还不如一口气干完算了”……

再说说执着这事儿吧。在别人眼里，有些人非常“执着”，但在那些所谓“执着的人”的世界里，有“执着”这回事儿吗？

我还是很怀疑。很多的时候，所谓的“执着”，其实是经过对现状仔细思考之后，发现“其实没有其他的选择”，或者“只有这个选择是最合理的”。于是，另外一些人“不够执着”，其实只不过是因为“选择太多”，或者“以为这个选择应该放弃”而已。

正所谓一人一世界。

我们可以看到一个比较完整的“他们的世界”。

· 他们胸怀大志，深谋远虑。

· 他们创造创造再创造，创新创新再创新。

· 他们热爱生活，一心想创造一个更好的世界。

· 他们逻辑严谨，有完整的方法论，并且不断自我完善。

· 他们善于模式思考，有自己的判断方式。

· 他们重视数据和事实，关注重要指标，想尽一切办法达成目标。

· 他们善用类比和隐喻，也因此有各种形象生动的表达和思考。

我在反复看这个课程，不觉得重复是浪费时间。因为他们的世界是如此迷人，乃至于我这个不断“重生”的人都如此好奇，如此兴致盎然——其实，所谓的“重生”就是从一个世界一脚跨入另外一个世界。

2 能精妙类比的人更聪明

YC创业课的这些讲者都特别擅长使用类比（Analogies）和隐喻（Metaphors）。

保罗·格雷厄姆就用了很多类比和隐喻，令人印象深刻：用户就像鲨鱼，鲨鱼太笨了——乃至于你根本忽悠不了它，你就不能对着它挥舞红布（做斗牛士的动作），对鲨鱼来说，只有有肉吃和没肉吃的区别……

彼得·泰尔说：据说，幸福婚姻都是一样的，不幸的婚姻各有各自的不幸；在商业世界里不是这样的，我倒是认为所有的幸福公司都是不一样的，因为他们都在做不同的事情。而所有不行的公司倒是一样的，因为他们都没能脱离竞争的相同窘境。

——这是个反向类比，即你别以为它们一样，其实它们刚好相反……

凯文·黑尔把新用户比作约会对象，把老用户比作婚姻伴侣。

马克·安德森把有限的投资能力比作一张打不了几个洞的卡片。

凯斯·拉波斯使用了超级多的类比和隐喻，例如：打造一家公司，就像打造一个引擎，你要画个草图，然后开始建模，这个模型看起来非常美观，但你真正把它实现出来的时候，要到处修补才能维持整体一致。

凯斯·拉波斯还用“编辑（Editing）”这个隐喻去形容所谓的管理：我在Square公司学到的最重要的概念就是“编辑”，这是我在14年运营经验里见过的关于“如何思考你的工作”的最好的比喻。

类比的思考过程大约是这样的：

假设：X ≈ A

1. 为了解释清楚对方未知的X；

2. 去找一个与X类似的、但是对方肯定理解的A；

3. 把A解释清楚；

4. 于是X不言自明。

类比思考几乎是跨越已知与未知之间的鸿沟的唯一手段。小学老师说“其实地球的构造跟煮熟的鸡蛋差不多”，就是用类比方式让学生从已知（煮熟的鸡蛋）跨越到未知（地球的构造）；中学老师说“原子内部的构造其实与太阳系的构造差不多”，学生们可以瞬间理解也是同样的道理。

仔细观察一下身边的人，其实善用类比的人是极少数——因为这是一个相对复杂的能力。

· 首先要有足够的知识、信息储备，才能在理解新事物的时候找到真正合适的、最恰当的那个“参照物”。

· 之所以能找到最恰当的，不仅仅是找到最“像”的那个，还要仔细搞清楚“不像”的地方究竟有哪些，以免在传递信息的时候出现偏差。

于是，创造一个“精妙的类比”是非常复杂的过程，所花费的精力要比听者理解所需要的精力多不知道多少倍。

所以，能用精妙的类比的人，比那些能理解精妙类比的人可能要“聪明”许多；而连精妙类比都理解不了的人，就相对“笨”很多——这里说的聪明与笨，都是变量，不是恒量——我相信每个人都有足够大的成长空间，除非他自己放弃。

所以，我经常鼓励身边的人只要有时间就要看杂书——越杂越好，多多益善。为什么呢？因为读杂书会大大提高一个人的接受新事物的能力（理解能力的一种）。阅历丰富、博览群书的人，肯定拥有更强的理解能力，因为他们在遇到未知的时候，更有可能迅速地在自己已有的知识中找到可以用来类比的信息。

3 创始人可以不懂技术吗

一般来说，懂技术的创始人看起来更有优势，但从另外一个角度，我们会发现大量的优秀公司的创始人并非“技术出身”，这又是怎么回事儿呢？

先说一个好玩的现象：

- 不切实际的想法常常更美妙。

再说另外一个好像毫不相干的现象：

- 一个文化的艺术风格其实取决于那个地区的原材料供应。

当地石材好，就可能有很好的雕塑家出现；在一个不产玉的地方不可能出现玉器大师；当地的木材好，就会有好木匠出现；在一个盛产竹子的地方，很难出现一个伟大的瓷器工匠……

也就是说，能做出来什么，往往取决于现实可用的资源是什么。而那些不亲自动手做事的人，常常会脱离这些“羁绊”，凭空去构造一样东西，必然犹如“海市蜃楼”一样美丽，一样迷人。

知道这个道理之后，下面的解释就都很自然了：

伟大的工匠常常不会成为成功的商人，因为他们的思考基本上已经被局限在眼前的现实之中；而商人的成功往往需要看到属于未来的“现实”，而不是局限于今天的现实。

完全不懂技术的人，其实根本不可能成为成功的商人，因为他们的思考脱离现实，不切实际——注意，今天的存活是明天成长的基础。

成功的商人，他们不是不懂技术，也不是略懂技术，与他人想象的相反，他们其实很懂技术，他们想尽一切办法去了解技术，了解它的局限，了解它的发展，了解它的方向，而他们的所有规划，都是建立在对当前局限的了解和对那属于未来的“现实”清晰正确的理解基础之上。

虽然乔布斯不自己动手设计电路，但他绝对不是全然不懂计算机原理的，相反，他可能是最了解“在当前的局限之下，如何做出最受欢迎产品”的人，而且他干脆是个艺术家；马云不是技术人才，他干的事情也不是技术活，阿里也好淘宝也罢，都是商业，更本质是基于互联网的商业——马云是商业天才。

所以，创始人不懂技术是绝对不行的，千万不能愚蠢到以为其他的创始人真的不懂。

如果你不是个懂技术的人，那你一定要去了解技术。了解如何判断技术合伙人的水平，了解你的项目所需要使用到的技术究竟都有哪些，有哪些局限，哪些优势，优势能保持多久，局限什么时候能够突破等等。如果真的用心去做功课，你就会发现这些知识并没有多难掌握，并且可以肯定的是，如果没有这些功课，你必然被淘汰——且绝不留任何痕迹。

4 聪明投资人为什么显得那么笨

事实1：

大多数投资人确实就是笨蛋。

大多数投资人并没有实际创业的经验，更不用提创业成功的经验。所以，他们的很多想法实际上干脆是错的。而他们也常常并不是真正创造产品的人，他们的思路常常建立在没有实际根据的想象之上，常常完全不切实际。

事实2：

你最初遇到的，大多只不过是“投资经理”。

虽然他们之中也大多是所谓“智商”比较高的人，但实际上他们更笨，因为他们没有创业经验、没有创造经验，他们甚至都没怎么赚过钱——他们将要投出去的，不是自己的钱，甚至不是他们管理的基金（管理基金的叫GP；出钱的叫LP）。他们只是打工的，负责四处游走、游说——最终他们甚至没多少决策权。

事实3：

大多数创业项目确实不值得投资。

天使投资、风险投资，本质上是在寻找收益100倍以上的项目——只有收益足够高，才值得冒那么大的风险，否则就直接做公开市场上的股票投资就好了——再或者，要100%的保障的话，就只能存银行“赚”利息了。而大多数所谓的“创业项目”根本就不达标——尽管创业者自己根本就不会如此认为。

事实4：

绝大多数人确实并不具备成为企业家的基本素质。

开始一个创业项目本身，并不能证明你就会成为一个成功的企业家。最终成功的企业家，性格上、智慧上、运气上，都要有足够的分数，否则走不到那个终点——成功向来都是小概率事件。

事实5：

真正聪明的投资人很可能已经（正确地）把你过滤掉了。

两种情况：

可能你其实不够优秀，项目也不够出色，所以，他们就直接把你过滤掉了——于是你天天见到的其实都是不够格的（但其实是与你相配的）投资人。

第二种情况其实比较罕见，但也确实存在：你足够优秀，但聪明投资人都没看到；你的创见足够伟大，但即便是聪明投资人也完全看不懂……

令人伤心的事实6：

整体上来看，投资人确实更聪明。

因为他们是掌握更多真正资源的人。不仅仅是资本，更多的是关系——建立在资本上的关系常常更稳固、更有效率。他们拥有更多的信息，他们拥有更强的信息处理能力，他们有更好的人力资源，他们有更强的整合能力……最令人伤心的是，他们可能“进步更快”——即便他们刚开始的时候与你没什么区别，但随着时间的推移，他们可能有更多的机会获得更多的进步。

不要鄙视他们，不要憎恨他们，因为最终如若你真的成功的话，你会成为他们——甚至，从一开始，这就可能是你的目标。

真正聪明的投资人，并不是那种永远不犯错、什么都懂、做什么都成功的人。他们只是那种学习能力强，严守风控原则，不断探寻未来的人。他们不是“亲自创业”的人——他们也许创业过，但更多的时候，他们“见证”过伟大企业的诞生、成长、成熟、挫败、重新崛起，直至成功。

5 投资人其实是弱势群体

罗恩·康韦[1]提到过他当年投资谷歌的经历：

“放到今天，每个人都会说网页排名和关联度是显而易见的啊，但在1998年一点都不明显，工程师基于网页排名所设计的产品，其实那只是一个简单的算法，如果很多人都去一个网站，那么其他网站也会把他们导向那个网站的，一定有什么好东西在那个网站上，那是最原始的算法，并且动机就是相关性。所以我对大卫[2]说：我要见到这些人。他说，在他们准备好前你不能见他们。然后每个月我都给他们打电话，五个月后最终得到了在拉

[1] 罗恩·康韦：Ron Conway，天使投资人，谷歌和Facebook的早期投资者，被称为“硅谷教父”。

[2] 大卫：即大卫·切瑞顿，David Cheriton，斯坦福大学教授，谷歌第一位投资人。

里·佩奇[1]以及谢尔盖·布林[2]面前"试演"(audition)的机会。他们表现得很有战略性,他们说,如果你能把红杉资本拉进来,我们就让你投资。我不认识红杉资本,但红杉是雅虎的投资人,我们是迟了,但我们可以和雅虎交易,所以我赢得了投资谷歌的机会。"

注意最后一句话:

·"能投资谷歌是我赢来的。"

(通过帮助谷歌获得已经投资过雅虎的红杉资本的投资。)

之前还有一句话:

·(五个月后)我终于获得了一个在拉里·埃里森和谢尔盖·布林面前"试演"的机会……

这是很真实的陈述——这也是我喜欢这套课的重要原因:没有人把自己挂在墙上,不说也就不说了,但既然说了,说的都是实话。

在伟大的项目面前,投资人是弱势群体。他们必须向创始人证明自己的价值,否则就没机会。光有钱是不够的,甚至是完全没用的——所有的投资人都缺好项目,并且好项目不可能筹不到钱——就算筹不到也是暂时的。

投资家告诫过创业者:创业没那么简单,也不像人们想象的那么光鲜,做个创始人其实很苦的,一点都不酷。

---

[1] 拉里·佩奇:Larry Page,电脑工程师、科技革新者和企业家,谷歌公司创始人之一。

[2] 谢尔盖·布林:Sergey Brin,美籍俄裔企业家,电影制作人,谷歌公司创始人之一。现任谷歌董事兼技术部总监。

我想，伟大的创始人也好，伟大的投资人也罢，其实都是一样的：他们的实际生活根本不是人们想象的那么光鲜——至少不是人们想象的那种光鲜方式——尤其是投资人。

我不知道别人怎样，反正我在充当天使投资人这个角色的时候，一点都不酷。常常为了冲进一个好项目而费尽心机，甚至不惜低三下四——虽然这是极少数的情况，但那也只不过是因为好项目少之又少。如若每天都能遇到好项目，我愿意每天都低眉垂目、毕恭毕敬——这真的不是开玩笑，面对能够改变世界、改变未来的创见，没办法不恭敬，没办法不焦虑，总担心自己到底是否有资格参与其中。

而我们常常听说的那种故事：

“投资人在几句话、几分钟里，甚至是“马上”签下一张“巨额”支票……”

其实这只是投资人在像“孔雀”一样示好，争取机会——当然，几乎所有人听到这样的故事，都会从另外一个角度去理解。

我相信很多投资人跟我的想法差不多。面对伟大的创见，我们都兴奋，我们都想参与其中——虽然这世界可能每天都有好戏上演，可问题是你能在台上与别人一块儿玩的机会有多少呢？不努力证明自己的话，可能一次机会都没有，整个生命就已经消逝掉了。

还有，创业者失败的时候，常常还是愿意站出来讲讲自己的失败经历和反思的……投资人呢？投资人很惨。他们不能讲，也没地方讲，就算讲了，对他人也没啥帮助，对自己的声誉却有极大的损伤，他们只能“打落牙齿和血吞”。

不断切合实际地思考未来 6

Box公司的CEO艾伦·列维给那些想要打造伟大公司的人提供过一些他自己认为切实可行的建议，在这些建议里，最基础的是这段话：

“你必须要不断挖掘新的技术（new enabling technologies）或者赶上主流趋势，比如一些基本趋势，以便能在什么是可做的和如何做之间制造一定的技术差距。”

“enabling technologies”果然不好翻译，指有些技术能把过去不可能的事情在当下就变为可能。比如，移动设备上的地理位置识别就是这样的技术。从这个意义上来看，2014年上市的陌陌，就是利用“enabling technology”使得“一些过去不可能的事情在他们做那个应用的时候直接变成了可能”。

接着他又说：

“如果从商业模式的角度上来看，它又对你产生什么影响，为什么原来无论从经济可行性和技术可行性上都不可能发生的事，却在10年到15年间实现了？如果你去查阅20世纪90年代甚至是80年代的技术论文，你会发现有意思的现象，我们做的一切都是重复这些10年、20年、30年前人们试图研发的技术。只是在当时来看这些技术成本太高，完全无法实现，也没有足够强大的技术使其成为可能。但接下来你会看到这种现象层出不穷，那些5年或10年前看上去那么遥不可及的东西，突然就实实在在出现在你面前。”

这里有很多启示。

首先，思考未来其实并没有那么难。

很多的时候，只要回头去看5年前、10年前、甚至30年前人们是怎样“畅想未来”的就可以了。这世界从来都不缺对美好未来充满想象的人——只不过他们总是不由自主地不切实际。不切实际的人的特征很明显：他们常常是只看到了一个重点就开始兴奋，而又因此干脆忽略了所有的局限。

其次，解决一个问题常常需要各方面条件全部成熟，而不是只了解一个突破点就行了。

各方面时机全部成熟，是需要很长很长时间的，几年，甚至几十年——总之，要比那些兴奋点低的人想象得要久远很多。

如果说，成功的企业家常常是那些最终真正解决了问题、提高了效率的人，他们的共同特点是在恰当的时机做了恰当的事情。

我个人并不喜欢、甚至极端讨厌这样的总结：“正所谓天时地利人和”——因为这样的总结没有任何可传递的知识和经验。

所谓的“活在当下”在我眼里也是个莫名其妙的人生建议，谁不是活在当下呢？这明显是实际上无法选择的事情嘛！

我喜欢并认同这样的总结：

有一小部分人，在不断切合实际地考虑未来，甚至没那么远，他们能考虑的只不过是今天的现实如何在明天发生变化。于是，他们分析问题、寻找解决方案的时候，考虑得更周全。他们知道除了某个“breaking technology”（技术突破）之外，还需要很多其他方面的配套成熟。他们耐心等待，全面衡量，一旦发现明天真的就有可能变化了，就迅猛出击。

绝大多数人并非如此，他们看不到一个问题的方方面面，只关注某个局部，于是会得出“更令人兴奋”的结论。这样的例子很多很多，因为上面提到了陌陌，那就顺着再想象一下之前的几年里，有多少个基于LBS的应用和服务惨烈阵亡就明白了。

说点题外话，我的体会是，绝大多数中国人好像都是刻意回避思考未来的。

在投资圈里生活的这两年是我最开心的时光，因为在这个圈子里，即便是那些明显的笨蛋都在认真地思考未来，最终又因此不可能太笨——比如我自己。

7 钱是最不重要的资源

有钱才能投资倒是事实，但投资人的价值除了钱，还有别的，而且，钱可能是投资人最不重要的资源。

也经常听各路投资人吹牛：我们还是有很多资源的！其实，他们所说的“资源”，大多指的是关系，这也基本上没什么用。因为从风险投资的角度来看，那些依赖非商业关系的项目都是极其危险的，根本就不适合风险投资博弈模型。

投资人最重要的资源不是钱、不是关系，那是什么呢？其实是他们的经验和智慧。

艾伦·列维的Box公司在2015年年初上市，当天以14美元开盘，23.23美元收盘，市值约为27亿美元。

艾伦·列维在南加州大学写论文的过程中发现在线存储这个领域里蕴含着巨大的机会，而后找来在杜克大学读书的高中同学迪伦·史密斯，两人开始创业。

两个人都是绝顶聪明的那种人，大学里每天不知道有多少人在写论文，可是有几个在20岁上下的光景里像艾伦·列维那样能在写论文的过程中找到真正的商业机会呢？迪伦·史密斯更酷，早期的启动资金两万美元，竟然是他去在线赌场玩扑克赢来的……

第一笔天使投资，数额就不小，35万美元（2005年秋天），来自马克·库班[1]——这是个牛人，24岁的时候，他搬到德克萨斯州的达拉斯市，第一份工作是酒吧服务员，再后来到一家软件公司做销售，直至被解雇。然后创办了一个软件公司，到最后在1990年卖出，税后赚了200万美元。1995年，马克·库班又创办了Audionet网站，1998年更名为Broadcast.com，1999年卖给了雅虎，57亿美元。

艾伦·列维给马克·库班的邮箱里发商业计划的时候，马克·库班根本就不知道对方是谁，但很快就回复了，很快就决定投资。这个经验丰富的老鲨鱼，一定是嗅到了血腥味。有意思的是，库班还在一个真人秀节目《创智赢家》（Shark Tank）里充当若干鲨鱼投资者中的一位。

虽然没有太多的故事报道出来，但可以想象，这位经验丰富的老鲨鱼陆陆续续教了列维和史密斯多少东西。

下一轮投资来自于著名风投公司德丰杰（DFJ）的执行总裁约

---

[1] 马克·库班：Mark Cuban，科技界创业家，印第安纳大学商业学士，计算机咨询公司MicroSolu-Tions创建人，高清电视频道HDNet的创始人和CEO，NBA球队达拉斯小牛队的老板。

瑟·斯坦（Josh Stein）。约瑟·斯坦加入之后，经常去Box公司的办公室。有一天他看到贴在墙上的数据，得到结论，“Box的企业用户具备更强的黏性”，于是他开始不遗余力地把Box公司转向面向企业的服务提供商。

约瑟·斯坦看到了列维看不到的机会，把Box公司推向另外一个发展方向——Box最终也因此高速成长，最终上市。

这就是投资者最重要的价值和资源：

- 经验和智慧，眼界和远见。

8 怎样特立独行才好

领英（Linkedin）联合创始人里德·霍夫曼提到两个有趣的词，第一个词是Panopticon。硬要翻译的话，是“全景监控监狱”。想知道这个词的来历，通常需要花费个把小时——所有的有趣的或者有用的概念都是这样，需要花时间去理解，而后才有可能应用。所谓的聪明，就是指一个人脑中有足够多的清楚、正确且恰当的概念，正因如此他才能高效思考。里德·霍夫曼还特意提到，“我用了这个词，因为这里是斯坦福，对不对？”——多么精巧的马屁！

里德·霍夫曼用到的另外一个词是Contrarian，硬要翻译的话，“特立独行”倒算是恰当。

做一个特立独行的人并不难，难的是，正确地特立独行。

嗯，道理很简单，可为什么特立独行的人那么少，且能够正确地特立独行的人更是少之又少呢？

里德·霍夫曼分享了他自己的方法论：

- 跟聪明人讨论，然后深入思考那些聪明人不认同的地方。
- 在笨蛋中特立独行是没有价值的。

别跟笨蛋讨论重要问题。这真是令人伤心的结论——原来我们之所以常常没啥可讨论，是因为聪明人根本就不跟我们讨论那些重要的问题。还好，我个人是相信成长的，所以，一边难过，一边期待。

里德·霍夫曼的方法论是，挣扎着使自己成为聪明人中的那个特立独行者。

找到那些聪明人并不认同的东西之后，再去逐个论证哪些其实并不是不可行的。万一找到，在那一方面，你就成了罕见的特立独行者。

这是里德·霍夫曼最牛的地方：一方面，他挣扎着去做那个特立独行的聪明人，另一方面他又是社交明星，在硅谷，所有人都喜欢他，没有人说他坏话。这可真是独门绝技了。

这套创业课程中最有价值的，就是这些非凡的人真实地分享他们的方法论——尽管有一些方法论不见得是可以马上理解、马上应用的，但有一点是确定的，这些方法论是经过锤炼的，经过考验的，更重要的是，它们是真实的。

明天会发生什么

继续坚持？还是灵活转向？

坚持信心？还是敬畏恐惧？

关注内部？还是关注外部？

敢于冒险？还是回避风险？

关注当下？还是放眼未来？

这些都是创始人要不断抉择的问题。没有标准答案，但肯定不是非此即彼的选择，而具体的选择，要看情况。里德·霍夫曼说自己常常是：

- 20%这样，80%那样……

事实上，对那些正在路上行走的人来说，我猜更可能是：

- 10%这样，30%那样，60%不知道怎么办……

不知道怎么办的人或许会说："嗯，看情况。"可看什么情况？

如若未来的一切都是可知的，那不需要犹豫、迟疑，一切的权衡都非常清楚、简单明了。之所以要“抉择”，就是因为有未知因素存在。

于是，究竟应该如何，取决于创始人对明天的判断。

我个人最喜欢跟创业者闲聊的话题就是“明天会发生什么”，常常令我气馁的是，大多数所谓的创业者，竟然会拒绝考虑明天，认为预测未来是愚蠢的。

小学四年级的时候，有一次老师留作业，要我们写作文《我的理想》。第二天收作业的时候，我没交——因为我没写。

老师很生气，后果很严重。我和另外几个小朋友被领到门上挂着“语文组”的办公室里训话。那老师用高出不知道几个八度的声音训斥我们，说我们偷懒不写作业。我觉得我跟其他几个“惯犯”不一样，于是就忍不住大声说：“老师，我想做作业，可是想了很久，我没有理想啊！怎么写嘛！”

偌大的办公室里原本还有另外几个老师也在训斥他们的学生，我这句话就好像一个巨大的黑洞，一下子把所有的声音吸了进去，整个世界瞬间安静得可怕。

几秒钟之前还在办公室里被老师训斥的孩子们应该感激我，因为，几秒钟之后他们就被“无罪释放”而留下我一个人被老师们轮番轰炸。每次我忍无可忍争辩一下，都被当作顶撞而招致更多的训斥，最后他们还觉得不过瘾，于是使出撒手锏：“去，把家长叫来！没见过这样的呢！”

父亲到了办公室之后，坐在那里一言不发，听那些老师的

“训斥”。不知道过了多久，那些老师终于没什么进一步的话可说了，屋子里又是要命的安静。父亲掏出烟来，点上，狠狠地吸了一口，朝天吐出。

烟雾散尽，父亲说：“老师，我能问件事儿么？”老师不由自主地说：“能啊。”父亲一字一顿地问：“你的理想是什么？”我永远忘不了那老师的表情。

然后父亲又挨个问其他的老师：“你呢？”“你呢？”“你呢？”

安静。

然后父亲站起来，转过身来，对我说：“咱回家吧。”

有时候，我们之中的很多人完全不知道我们的教育是如何影响我们的。假大空的理想教育，把焦点放在对自己的未来预测上——然后逼每个人拿出一个符合某一统一刻板印象的虚拟形象，这当然令人厌烦。同时，这种教育还忽略了另外一个重要因素，年龄太小的时候，积累有限，逻辑能力有限，想象力有限，所以根本做不到“如实想象”。

而事实上，我们原本应该这样被教育：

- 把焦点放在对世界的未来预测上。

手机上多了一个定位传感器，明天会因此不同；手机屏幕越来越大，明天会因此不同；智能手机普及率已经到达一定程度，明天会因此不同；智能手机已经便宜到一定程度，明天会因此不同；已经开始有足够多的人没有电脑，唯一的智能设备从一开始就是智能手机，明天会因此不同；“附近”的概念因为手机上的定位服务可以“漫游”而产生变化，明天会因此不同……

这个世界的明天不是完全不可预测的——我很不理解为什么那么多天天听天气预报的人竟然会是彻底的不可知论者。一般来说，彻底的不可知论者不适合创业，他们顶多只是善于生存，不可能有意识地高速成长。

某种意义上，所谓的聪明人，就是在积累足够多清楚概念并了解其关联之后还花很多很多时间去思考、研究未来的人。

Part 5

因为简单，所以困难

——执行为什么那么难

很多有用的道理，因简单而困难。

1 理性之非理性

管理为什么那么难？Square前首席运营官凯斯·拉波斯指出了根本原因：

· 管理难的根本原因是群体无理性。

如若每个人真的像宏观经济学教材或博弈论教材里所说的那样都是“理性的个体”，那么，几乎所有的组织都不需要管理了，只需要最基本的、合理的章程，而后每个人“依法办事”就行了。

可事实上呢？人们都是非理性的。

不过，这个解释并不能让人透彻地明白真实的机理。2001年，经济学家布莱恩·卡普兰（Bryan Caplan）提出了一个概念，“理性之非理性（Rational Irrationality）”，用来解释一个问题，为什么生活尤其是政治和宗教领域中有那么普遍的非理性行为存在——

理论上每个个体都应该是理性的，可事实看起来又与之相悖。[1]

按照经济学理论，布莱恩·卡普兰认为，非理性也是符合供应需求曲线理论的。当非理性行为成本变低的时候，其需求就会相应地变高。当犯错的成本实际趋近于零之时，非理性行为的需求就无限高。

而事实上，当一个非理性行为构成的错误成本很低的时候（不一定要“事实上成本很低”，只要“感觉上成本很低”就够了），人们就会放松对自己的要求，不在意自己是否是理性的了，这就解释了为什么很多人不那么笨，但却常常犯逻辑错误，常常被感知偏见所影响，或常常被情绪所左右。同时，这也解释了为什么很多“受过良好教育”的人依然对星座之类的东西津津乐道——犯错就犯错呗，没啥成本，人畜无害，至少感觉上如此。

进入21世纪，心理学几乎成了最重要的学科之一，它的发展，让我们反复重新认识这个世界。一个管理者必须时时刻刻注意更新自己的心理学知识，这对沟通与管理都有重要的影响。

如若我们清楚地了解“理性之非理性”这个概念，我们就可能很容易理解那些可能令我们恼火的事件，也可能会因此更容易找到更有效的解决方案。如若你在工作中发现团队成员有不理性的行为，第一件要做的事情可能不是去训斥他们，或者批评这种行为，而是去想，是不是这种行为的试错成本太低了？如果是，不需要批评，不需要训斥，只需要想办法提高那个成本就可以了。

---

[1] 参见布莱恩·卡普兰的作品《理性选举神话：为什么民主是个坏政策》《The Myth of the Rational Voter : Why Democracies Choose Bad Policies》。

像编辑一样运营 2

凯斯·拉波斯给出了一个令人印象深刻的隐喻：运营就是编辑（Editing）；而打造一个公司或者团队，就是打造一个高效的引擎。

他信手拈来的另外一个类比是：很多问题其实跟感冒一样，自己会好的。而他要跟大家分享的是作为团队的组织者和管理者，怎么建造一个“思考框架”，用来区分什么是不需要太操心的感冒，什么是可以致命的重症。

我认为，学习可以获得新的思考框架或思考模式。从这个意义上说，伟大的企业家肯定有卓然的思考框架。所有让你觉得新奇的概念、类比、方法论，也都可以被称作“思考框架”。吸收消化，反复揣摩，最终默认使用这些思考框架，就是所谓的“脱胎换骨”——当然，这个类比我不太喜欢，因为它基于迷信，所以，这个过程更像是操作系统升级——甚至有的时候更像是抛弃一个操作系统，迁徙到另外一个更好的操作系统一样。

编辑（这里指运营）做的第一件事，就是简化——对此，凯斯·拉波斯的看法是，运营者要把任务简化到可重复的三两个环节。

“编辑（运营）最重要的工作就是精简精简再精简，这通常意味着要学会忽略一些次要因素，为团队简化、理顺事情。你把事情弄得越简单越好。人们很难理解或者记住一堆复杂的提议，所以你要提炼出一、二、三个点，用他们能复述出来的框架结构，他们可以随口而出的观点，方便和别人复述，哪怕下班后也还能记得住的语言来表述。”

这里的重点，更多的其实是“可重复的”。或者反过来说，一切工作中需要重复的流程，都要简化或优化，直至大家想都不用想就能做好——于是每个人都成了那个高效引擎的优质部件。

我们上学的时候，如若遇到过好的语文老师，就会反复体会到自己在没有训练和有意识地修炼之前，自己有多啰唆，多不精炼。凯斯·拉波斯像优秀的语文老师那样告诫说：“简洁、简洁、再简洁，没有什么复杂的东西不能简洁地做出来。”

第二件事就是了解本质——可以通过反复提问进行。你要做的是不停提问：这件事我们要用6天还是7天来执行？我们的竞争优势在哪里……你可以站在投资者的角度来问诸如此类的问题，这可以逼迫自己不停努力……

本质上来看，上一步说的是如何使你的表达（工作流程）足够简洁，这一步说的是如何让你的思考（工作任务）足够精炼，删掉那些不重要的任务或环节，精简有可能让你提高百分之三五十的效率。

第三件事要做的是资源分配，也就是编辑结构。编辑者们无时无刻不在做这件事，他们将编辑设在中东，报道完这个地区的热点事件后又将他们迁移到硅谷或者忙着转移到体育界……组织资源，无论是自上而下还是自下而上。

第四件事是想尽一切办法减少红墨水的使用。一开始，编辑会用红墨水圈圈点点，删去那些不必要的环节，之后通过反复的沟通，作者和编辑之间会越来越趋同，大家之间的合作越来越默契，最终就算不再用红墨水也无所谓了。

第五件事是确保全篇各方要素一致。公司的广告、产品包装甚至是招聘页面，要让人感觉是出自同一人之手——写过书就知道了，这有多不容易。即便做不到100%一致，也要尽量努力做到。

这个类比最准确的一个地方是，编辑其实不是内容创造者，他们也不是最大价值创造者，他们更像——事实上本来就是运营者。

在反复看整个课程的过程中，总是被这些人的精准类比所震撼，也对他们时不时抛出的一些概念兴趣盎然。比如，凯斯·拉波斯提到了安迪·葛洛夫[1]的一个概念：提高工作目标任务间的黏合度（Task Relevent Maturity）。

很有意思的是，招人的时候，凯斯·拉波斯建议尽量招那些经常写文章的人，他认为，是不是会写文章，是不是常写文章，常常能够体现出一个人在“编辑”上的成熟度——尽管两者看起

[1] 安迪·葛洛夫：Andy Grove，美国企业家，英特尔公司前董事长和CEO。

来不太沾边，但从本质上来看，确实有很大关联。信不信由你，那些会写文章、常写文章的人，工作效率、工作质量就是比其他人高——并且更勤奋、成长更快。

“编辑”作为一个喻体，与本体“运营”之间的对应关系非常直观，且具有“系统性直观”。于是，在听众理解的过程中能够发挥巨大的作用。唯一可能的缺陷是，那些不了解“编辑”工作的人会产生一些理解障碍——因为在这个讲解过程中，借用已知去解释未知的“已知部分”对他们来说竟然依然是未知的。

相对而言，我们经常听到人们说，“做产品就要做减法”——这个类比很糟糕，因为喻体和本体之间根本就没有足够好的相似度以及足够清晰的关联。

我觉得“编辑”这个类比更好，因为编辑在删除的过程中，其实不是为了删除而删除，是要在达意的基础上保持精炼。与此同时，我们都知道精炼的好处。

因为“减法”这个糟糕的类比，我见过很多产品经理大刀阔斧地把重要部分砍掉且振振有词——这就是思考模式带来的行为缺陷。别人声称因为做“减法”成功了，实际上那不见得是权重最高的理由。

3 那些略微没那么简单的事

绝大多数人为了刷存在感，喜欢复杂的知识和结构，与此同时常常连最简单的道理都没有能力遵循——比如，都知道坚持的必要，却从未坚持过，再比如，都知道循序渐进是必需的，却总是想一蹴而就。

· 很多有用的道理，因简单而困难。

仔细观察一下就知道，那些把简单本身叠加起来而构成的没那么简单的东西，其实已经远远超出绝大多数人的理解或应用范围了。

速度是个非常简单的概念，加速度只不过是把速度这个简单的概念重复叠加了一遍而已。

利率其实是个更简单的概念，复利只不过是把利率这个简单的概念重复叠加了一遍，就构成了绝大多数人一辈子都以为自己已经理解却从未认真应用过的东西。显而易见的，他们拒绝承认身边少数“一年三百六十五天，每天进步一点点”的人跟原地踏步的自己有任何差别和距离。

二分法，有多难呢？没多难。可是，叠加使用就是需要学和练的了。

——简单的手段，确实常常给我们很多极为有用的结论：

凯斯·拉波斯还提到另外一个没那么简单的事情：一个重要的概念是匹配指标。（One important concept is pairing indicators.）

不要孤立地对待某个指标。没有优化好，便会以牺牲掉其他重要的东西作为代价。例如，支付领域的金融服务难免会伴有风险，给风险团队一个目标很容易：告诉风险团队，我们希望降低欺诈率。这个目标听起来不错，但会使他们对每个用户都持有怀疑态度，因为他们想减少自己的坏账，所以他们会不断地打电话给用户，让用户提供更多的补充信息，最后你确实达到了世界上最低的欺诈率，但同时也得到了最低的客户满意度。

所谓的“运营”，就是打造一个引擎之后不断优化的过程。而所谓的优化，最关键的就是不断监控、调整各种指标。对此，凯斯·拉波斯的忠告是：

- 千万不要孤立地对待某个指标。

只看一个指标、只根据一个指标进行优化很简单，但这不行，事情并不是“简单一点点”或者说“稍微复杂一点点”那么简单，要把相关的指标放在一起考虑……说起来轻巧做起来难，对这个忠告的理解和应用比对复利的理解和应用难太多了。

关于“千万不要孤立地对待某个指标”这个观点，2015年5月6日，《钛媒体》登了一篇文章，题目是“一个曾以天涯为傲又离开的老员工讲述天涯16年”。

第三次高潮：2010年10月5日极品女“小月月”事件由天涯发端。三周的时间，其原帖点击量已超过4600万次，网友回复达到10万5千余条。另外，有关“小月月”的衍生品：贴吧、小组、论坛、插图应运而生。甚至，有网友成立了“拜月一族”“拜月神教”。“小月月”刷新了雷人记录，把奥利奥、香蕉皮等都给搞坏了。

“为了生存，拉客谁都可以理解，但你不能跑到大街上去拉。然而，为了流量、为了眼球，类似的帖子却一再地被天涯作为主导内容在最显眼的地方进行推荐。确实，这样的帖子可以带来大量的眼球，但从另一个角度而言，宝马汽车会在你的平台上投放广告吗？周大福会吗？奥利奥会吗？

错失了客户，机会就不等你了。

流量是个重要的指标，甚至可能确实是最重要的指标，但如果不是高质量的流量，那是不是不仅无益甚至有害了呢？“千万不要孤立地对待某个指标”，这真不是随便想想就行的事情，这是不在意就会付出惨重代价的事情。

4 所谓“痛点”

产品经理的一切目标就是“解决痛点”，其实，我个人更喜欢大卫·海涅迈尔·汉森[1]的措辞——痒（the itch）——非得挠挠才舒服痛快的痒处。

真正好的产品，确实会提供一个很好的体验，而这种体验，过去没有，现在有了，一旦开始用了，就无法想象没有它怎么办。大的比如现在互联网上的搜索引擎、手机里的导航软件，小的比如我们已经在电脑上习以为常的“复制、粘贴”——猜猜有多少PC用户换到Mac系统上之后发现没有“剪切”之后有多么烦躁？

最具欺骗性的部分在于，这样的功能或产品一旦被实现之后，

[1] 大卫·海涅迈尔·汉森：David Heinemeier Hansson，丹麦程序员，哥本哈根商学院毕业后移民美国，网络开发框架Ruby on Rails的创建者，网络应用公司37signals的合伙人之一。

通常都看起来是那么简单，乃至于根本想象不出来当初实现它究竟有多难。或者说，在那之前为什么这么“必不可缺”的功能竟然长久没有被实现——因为要么其他条件尚不成熟，要么有很多在当时根本想象不到的原因。

很难，真的很难。侯赛因·拉赫曼[1]说：

- 要实现梦想，方方面面都得极其优秀。

也就是说，即便外部条件成熟的时候，能达成那个愿景的人也是极少数，因为到了那个瞬间，各方面都准备好了的人就是极少数——这根本不是“运气”，是积累。

他说：

- 我们很早很早就开始了这段旅程。

所谓的“很早很早”是多早呢？侯赛因·拉赫曼和亚历山大·阿萨利[2]在斯坦福读书相识，1999年共同创建了Aliph，在硅谷广为人知，是2007年1月他们在国际消费类电子产品展览会（CES）上展示自己的Jawbone蓝牙耳机的时候……

如何找到痛点？不考虑运气的话，那么靠谱答案就只有一个：积累——靠在那个领域里的长期沉淀与积累，知道什么是最重要的问题，知道什么是必要条件，知道自己需要哪些技能才能实现……

---

[1] 侯赛因·拉赫曼：Hosain-Rahman，消费技术和可穿戴设备公司Jawbone联合创始人之一兼CEO。

[2] 亚历山大·阿萨利：Alexandar Asseily，Jawbone公司联合创始人之一，负责公司核心产品的研发工作。

很早很早开始积累就可以了吗？也不见得，还有下一个条件：方向。

“思考世界是如何运行的”——几乎是这整套创业课程中贯穿始终的理念了。从最初的山姆说的：“远见在哪儿都不容易看到。”到艾伦·列维说的：“接下来你会看到这种现象层出不穷，那些5年或10年前看上去那么遥不可及的东西，突然就实实在在地出现在你面前。”

如果一个创业者没有积淀，就没有能力思考未来。那么他也就没有了方向，于是，积累也不见得最终真的有用。如果一个创业者不能对未来的五年甚至十年有成熟可靠的展望，那他的创见不大可能有百倍甚至千倍的回报——也必然最终使投资者失望。

反过来，创业者在选择投资者的时候，常常也可以用同样的判断依据：去跟投资者聊未来，判断他的远见。没有远见的投资者的职业寿命更短——他们活不过一两个周期的——如果你是有远见的创业者，你知道你应该回避这样的人。

如果说有远见的创业者是少数的话，那么有远见的投资者永远是极少数。但反过来正因如此，这些极少数有极强远见的投资者，相互之间的联系更为紧密，乃至惺惺相惜，也因此他们掌握的资源要多出无数倍，因为极端与集中永远是普适效应。

专家的价值 5

YC第十七课里的第一部分听着很无聊，一个律师啰里啰唆地告诉你法律方面的事情必须听专家的，然后举了几个听着怎么都觉得其实“你不说我早晚也会知道的事实”来吓唬人。

例如，两年前有个公司注册地上有点问题，当时这家公司在募集资金，就为了弥补这样一个小错误，他们请了四家法律事务所，花了50万美元才搞定。

结论就是，因为之前的律师混蛋，竟然没把公司注册在特拉华州，最终得多浪费几十万美元……

创业说

莆田系的销售套路，其实全世界都在用：病很重，能治，得花钱……

话说回来，这就是获取信息的重要原则：一定要从高质量的信息源获取信息。或者反过来说，为了能获得重要信息，平日里要想尽一切办法高度关注高质量信息源。YC的这套创业课，就是高质量信息源，于是，我们意外地知道了在美国创业的话，最好去特拉华州——就这么简单。

很多所谓的专家，其实是“砖家”。

值得一提的是，绝大多数投资者并不是专家，他们甚至不是投资领域里的专家，更不用提创业领域了。

- 只有极少数人才真的有创见。

更可怕的是，喜欢指手画脚的“砖家”常常是真诚的，他们真不知道自己的能力范围，而后通常是真心实意的——出发点仅仅来自于“自己已经把钱投资给你，所以我要帮你，这也是在帮我自己……”——选择投资者非常重要。

对货真价实的专家，我们是充满敬佩的，甚至应当敬畏——因为我们知道知识的获得、经验的提炼、智慧的总结都没有捷径，都只能靠长期的积累。

对创业者来说，有两个领域必须依赖真正的专家——法务和财务。从这一点上看，YC确实很牛，他们直接投资的公司里，Clerky是帮助创业公司处理法务的，ZenPayroll是帮助创业公司处理财务的——这是很完善的创业投资战略。

法务和财务，都是相对成熟的领域，是不是专家，只要看对方的历史纪录就好——相对来看还确实是比较容易判断的——战略咨询之类的就不那么容易判断。

找法务专家的方法很简单：直接去找。通过熟人并不会降低服务费用，也不会得到额外的服务——对法务工作人员来说，他们的时间是有限的，工作是没有办法规模化的（顶多尽量），所以，一切都很简单——前提只有一个，敬业就好。而公司内部的财务，最好是熟人或熟人介绍——因为信任是最重要的。

6 举一反三是聪明人的能力

Clever联合创始人兼CEO泰勒·波斯马尼有一段话：

“预期的过程就是，弄清楚谁愿意接你的电话（接受你的产品）。传播理论家埃弗雷特·罗杰斯（Everett M Rogers）发明了技术采用生命周期曲线，这种钟形曲线中包含愿意尝试新鲜事物的创新者、早期接受者、早期从众者、后期从众者和落伍者。对初创公司来说，理解早期销售并不难——曲线中显示的创新者部分就是你的潜在用户——这看上去好像很令人沮丧，因为你只有2.5%的潜在用户。但我觉得应该从另一个角度来看，即使只有2.5%的公司会接受或者考虑使用你的产品也很好，你会意识到销售将变成一个数字游戏。如果你想在创业初期把产品卖出去，达到这2.5%的预期，就需要给很多人打电话，向很多人介绍自己的产品。”

举一反三的能力很重要。

- 《论语·述而》："举一隅，不以三隅反，则不复也。"

训练自己这方面的能力，其实只需要不断问自己一句话就可以了：

- 那……这个道理还可运用在什么地方？

事实上，举一反三也是一种类比能力。

大多数人是缺乏这种能力的。在反复看创业课的整个过程中，我不断想起小时候反复学过的各种各样的成语典故：

刻舟求剑、邯郸学步、井底之蛙、东施效颦、叶公好龙、一叶障目、水滴石穿、画蛇添足……

哪个不是创业课里反复强调的东西呢？小时候学过，笑过，并不妨碍自己重蹈覆辙，更不妨碍自己重蹈覆辙而不自知。

与之前提到的概念，技术采用生命周期曲线（Fechonlogy Adoption Life Cycle Curve）相关的是另外一个概念：宣传周期（Hype Cycle）：

学一个新的概念之后，不妨再反复问自己：

- 那……这个概念（道理）还可运用在什么地方呢？

7 写下来是好习惯

YC董事长山姆·奥特曼说：

“听很多创始人说，他们很后悔没有早点完成两件事：写下如何做事，以及如何做的原因。这两件事——如何做和为什么做其实很重要……你能先于别人做到这一点，你就有了很大的优势。”

这也是我个人所经历过的失误。

我曾经以为：

- 很多事，只要耐心说一遍，所有人都能听懂。

我曾为此付出过惨重的代价，请想象一下，你在半年之后才发现你的合伙人或者重要员工其实一直把你的意图理解成另外一个样子是怎样的情景。

打造一个好公司，远比打造一个好产品难许多倍——绝大多数人一生都不会有这个经历，因为之前的一步（打造好产品）他们都无法完成。

由计算机连接成的互联网事实上是无需管理的，为什么呢？因为尽管这些计算机的操作系统各不相同（即便是相同的操作系统，版本也可能不同），但这些计算机之间用相同的协议进行沟通（传输数据）。

可是，由人构成的组织，就相对特别不规范：各自的操作系统不同（观念）、版本号不同（经历），内存与存储不同（知识和经验），更要命的是每个人之间并无标准化的协议——输出（表达）有不同的方式、输入（听读）有不同的方式、处理（理解）也各自有不同的筛选机制（大多数人只能听到、看见自己想要的东西）…… 相互之间的沟通并未达成的时候，也不会像计算机那样提供明显的错误提示，比如其中一方完全不理解的时候（内存不够用）可能依然不懂装懂，或者完全处理不过来的时候（硬盘满了）依然为了面子死扛……

山姆·奥特曼说：

· 你把它写下来，并且放到Wiki上或者别人都能看到的地方，你是创始人，要制定规范。

山姆使用的隐喻是“law”（法律），其实也可以用这个隐喻：“protocol”（协议）。

所以，从第一天开始，创始人就应该不断地把why和how写下来——我个人的经验是连what都应该写——放在一个所有人都可以随时看到的地方——现在的公司最容易使用的也许就是Wiki系统。

“你能先于别人做到这一点，你就有了很大的优势。”

显然这并不是绝大多数人都认同的事情。事实上，我在自己参与的每个团队里，都会遭遇不同程度的抵制——他们认为这东西没必要，甚至认为这是浪费时间的…… 这到后来都成了我判断团队是否有过成功经验的依据：那些做成过事的团队和创始人，都是“一听就明白这事儿非常非常重要！”

很多重要的道理和建议就是这样，虽然不可或缺，却因为看起来太简单了，乃至于平庸的人们一致认为那肯定不重要。

山姆谈到HR问题的时候，提到一个测试：

如果我走进一家公司，与之一起克服效率低下的问题，我会问创始人：“如果我在公司随机挑选10个员工，问他们，公司现在最重要的三个目标是什么，他们的答案会一致吗？”

几乎100%的创始人说：“是的。当然他们会那样。”然后我就真的这么做了。但实际上，关于公司最重要的三个目标，基本上没有员工会给出几乎相同的答案。创始人觉得难以置信。

是啊，这连那些已经被YC看上了的创始人们都觉得难以置信。

8 如何避免被情绪左右

人为什么容易被情绪所左右呢？为什么最后能够保持理性的人那么少呢？

目前脑科学家的猜想是，主导理性逻辑思考的大脑皮层常常是最后才被激活的，而在此之前，控制情绪的更内层的脑细胞早已被激活。于是，当愤怒、恐惧、高兴等情绪涌上来的时候，大脑皮层常常供血不足、供氧不足，于是思考质量受到严重影响——通常被形容为“大脑一片空白”……

遇到这种情况的解决方案简单到不像真的的地步：

- 深呼吸，多次深呼吸……

不过，一旦明白这个道理，知道情绪可能影响理智之后，就会不由自主地经常主动控制情绪，进而发挥大脑皮层的功用；时间久了，大脑皮层就被“锻炼”得更为强大，更容易被激活；进而情绪大面积失控的可能性就会自然降低。所以说，其实理智只不过是一种习惯。

在一个动荡、混乱的世界里生存，没有情绪其实是不可能的。但有了情绪，就必须反应，这说明大脑皮层发展不到位，通俗点讲，就算不上是“高级动物”，甚至可能连“低级动物”都不如。

鳄鱼是冷血动物，而它也确实很“冷血”，尽管它在吞食猎物时可能会流泪，但作为爬行动物，它肯定是没有“情绪”的，流泪绝不是因为它有同情心……

对鳄鱼来说，它所能感知的范围就是它的整个世界（方圆几十米而已），一旦有入侵者出现，鳄鱼只有也只需以下五种反应（5F）：

如果入侵者比它体积更为庞大，管那是什么，它就溜掉（FLEE）。

如果入侵者是同性的鳄鱼，那它就与之搏斗（FIGHT）。

如果入侵者是异性的鳄鱼，且时机恰当，那它就与之交配（FUCK）。

如果入侵者体积足够小且不是同类，那它就捕食之（FEED）。

如果入侵者不属于以上四种情况，那它就原地纹丝不动，毫无反应（FREEZE）。

鳄鱼的世界很简单，对鳄鱼来说，它一生都不可能遇到令它“惊愕”的事情。鳄鱼的世界很朴素，所以鳄鱼的大脑根本就不具备“记忆”能力——说实话它也用不着这玩意。对鳄鱼来说，那五个“直觉反应”简单、直接、有效，并且一切都可以在瞬间完成，这就够了。事实上，它们在从中生代至今的两亿年间一直过得不错。

虽然鳄鱼明显是低级动物，但它的策略却值得高级动物重新审视，重新学习。

- 只做该做的事情，其他的事情可以无视。

有人背叛你了，你很生气，怎么办？正确选择是：

- 不怎么办。

继续你的生活，继续前行，其实这是更难的选择……

更容易的选择是：

- 抱怨。

- 报复。

然而，在这样的事情上浪费自己的时间精力，而不是用来进一步打磨自己，真的值吗？

几年前，我告诉一个小朋友，对从他公司离开之后成为竞争对手的那个整天用各种方法坑他黑他的人，一定要采取“毫无反应”的态度，理由很简单，忙着进步的人哪儿有时间折腾那些事情。几年后，那小朋友慨叹：“当初亏得听了你的话，现在回头一看，那个人都不知道在干什么了。如果当时真的跟他决一死战，现在的自己可能早就湮没无闻了。”

那句抖机灵的话其实是对的：

- 不要跟笨蛋争斗，因为他们会把你拉到他们的水平上，用他们长期积累的丰富经验瞬间打败你。

控制情绪其实挺容易的，基本上是个可通过技巧获得的习惯。这个技巧是重新定向（redirect），即把情绪发泄到另外一个方向或者方式上去。

这个技巧我自己当年是看电影学会的。有部电影叫《低俗小说》，昆汀的经典。布鲁斯·威利斯扮演的布彻，上一个镜头里安抚好刚刚被他吓了一跳的女朋友之后出门；下一个镜头，他在车里拍着方向盘破口大骂，然后冒着生命危险去找回那个对他极其重要的、父亲留下的金表。

这就是一个“重新定向”的例子。

有过几次这样的经验，就知道控制情绪这事儿其实非常容易，没多久你身边的朋友都会因为你的“淡定”而惊讶，进而敬佩。

Part 6

与趋势共舞

——创业公司的成局与败局

你要想自己能独占鳌头，避免竞争的正确办法是“做到最好”。

1 复杂的模式思考常常难以表达清楚

关于如何创造理想的商业模式（垄断企业），畅销书《从0到1》的作者、PayPal联合创始人彼得·泰尔大致给了一个观察和三个策略：

一个观察：

- 从21世纪开始，有大量的公司把各种不能单独赚钱的技术整合起来，形成了垄断优势。

三个策略（顺序不分先后）：

- 从垄断一个小的，甚至没人认为值得垄断的市场开始。
- 比老二好十倍。
- 善用后发优势。

仔细想想，第一个“观察”，其实也是一个策略：去做跨界综合的事情。所以，我理解的是，在这里，彼得·泰尔是给了人们四个方面的策略建议。

这一点我个人比较容易理解：那些思维复杂且缜密的人，往往最终会拥有一个与绝大多数人不可能相同的价值判断（或模式）体系。而他们的每一个结论，常常要么显得平淡无奇，要么显得荒诞不经。当他们必须向他人——即那些头脑比他们简单得多的人——传递思考结果的时候，是很困难的，因为他们的每句话实际上与显现的都可能并不完全相同，也总是被误解。而为了传递清楚，他们常常不得不从许多个角度去阐释一个问题，可这其实又给头脑简单的人增加了一个困难：把一件事儿理解成许多件事儿……

彼得·泰尔擅长用模式思考能力去识别他人有意无意的谎言，其实这是所有擅长独立思考的人最终的特质。

彼得·泰尔也是那种典型的有自己固定思考模式的人，对他来说，考量一切商业模式的“照妖镜”就是：

- X×Y=？

不管怎样冠冕堂皇的说辞，在这个简单的公式面前，都原形毕露。

《魔鬼经济学》的作者史蒂文·列维特曾经举过一个例子，论证美国的犯罪率连年下降其实跟常年来人们以为的原因八竿子打不着，真正的原因是30多年前美国法律开始允许妇女堕胎——那些生长环境不好或不能接受良好教育而极有可能成为犯罪分子的家伙们还没生出来就被干掉了……其实，科学的进步作用之一就是识别、戳破那些“不经意的谎言”。

哦，对了，豪斯医生说过无数遍：

- “大家就知道说谎。”

去做跨界门槛足够高的事情 2

如何构建垄断？对着一群连竞争都弄不明白的学生，彼得·泰尔可能怎么也讲不明白的。

而他所说的竞争与垄断，到底是不是经济学书籍里提到的竞争与垄断呢？虽然他自己也提到经济学家们扯得很……

后来的问答环节里，他说：

· 所谓的“竞争”与“垄断”，要看从哪一个层面、哪一个角度去看。

各人的理解可能不同，我琢磨了半天，想起来我10年前给学生讲过一系列GRE作文中关于合作与竞争的题目，当时，我举了一个极端的例子：

如果一个人很强，那么对他来说竞争与合作都是实际上不存在的，比如，爱因斯坦，他倒是也想跟别人合作一把，可问题是，谁配与他合作呢？——都不配啊！其他人倒是也想跟他竞争，可谁能竞争过他呢？在这里，你可以把“爱因斯坦”替换为任何一个顶尖人物。

于是，想来想去，彼得·泰尔的三个策略中的“比老二好十倍”，其实是最好的一个手段。于是，所谓的垄断，很可能其实是“竞争力达到无人可及的地步”，彼得·泰尔所提到的“除此之外你还要考虑你的垄断能持续多久”就容易理解了——就算比别人强十倍，还得不断进步。

所以，竞争永远存在，垄断是一时的最佳状态。

另外，形成垄断的另外一个重要策略是做跨界垄断的事情。别人做一个东西，你把几个东西放在一起形成更好的东西；别人在某个领域内垄断，你搞不过他，那你就把那个领域里的知识和技能拿到另外一个领域里，与新领域里的知识和技能结合起来，形成最强势力。甚至，这都已经成为一些创业者的共识：一定要去做跨界门槛足够高的事情，乃至于你的竞争对手对你只能持有无奈的态度。

精益创业可信吗　3

家政O2O公司HomeJoy显然是Lean Starup的成功案例，创建人试着最小化验证，反复转型，直至成功。

创业说

中文里，人们把Lean Starup翻译为“精益创业”。我个人不喜欢这个听起来就关联不上的翻译。但我也确实找不到什么信达雅的翻译方式，所以，索性就直接用原文好了。

有人问彼得·泰尔Lean Startup方法的时候，他颇为不屑地说：“我个人很怀疑所谓的精益创业。”

那些擅长记理论的人听到这里估计彻底崩溃了——我应该听谁的好呢？

听A的讲演时，我觉得“哇！好有道理啊！”

听B的讲演时，我又觉得“哇！好有道理啊！”

然后，再仔细想想，“嗯？怎么两个人讲的是相反的？”

在《把时间当作朋友》里，我曾经提到我自己的独立思考被启蒙的过程，在26岁前后的几年里，我反复遇到这种情况，最终自己得到的结论是：“唉，我真的是不会思考啊！”——于是跑到图书馆里找到各种关于批判性思维的书籍研读……其后花了好几年的时间才完成对自己的启蒙。

完全认同Lean Startup方法论的人，基本上都是“不可知论者”，他们不认为未来是可预见的，即便是部分可预见，那也全都需要逐步验证——这是Lean Startup方法论信徒们的根本世界观。

显然，某种意义上他们确实是完全正确的，但这世界上明显还有另外一些人，比如彼得·泰尔。他说“我有点不确信”，这话估计也都是客气，他对这样的世界观持有的看法更可能是：“哈，傻瓜才那么想呢！”

当然，彼得·泰尔这么认为也并不意味着说Lean Startup方法论就真的一无是处。

彼得·泰尔属于那种典型的擅长“长远思考”的人，在他们的眼里，未来相对更为清晰，全然不是“不可知”的。哦，对了，彼得·泰尔是国际象棋高手，你可能一步都看不明白的时候，他能多看出七八步……你们的想法当然不一样了。

另外，也不可否认，伟大的公司，都是基于“长远打算的”。

而我们往往会见到相反的例子，云储存公司BOX.net[1]的CEO艾伦·列维说：

“今天，有24万家企业在使用我们的产品，是因为我们打造了商业模式，我们设计了软件，我们重新构建了行业解决方案，结果证明，我们开发的是最重要的产品。”

这种人不用去试错，他们需要的只是认真思考，而后想出来的东西就是“直接命中靶心”。这世界是这种人的天下，他们常常更清楚地看到未来。

也许可以这样理解：在走向成功或者成熟的路上，最初阶段只能靠Lean Startup Methodology（精益创业法），因为在那个时候，不管我们是不是“不可知论者”，这世界对我们来说，就是不可知的。

运用Lean Startup Methodology（精益创业法）也许可以让我们更快、更有效率、更安全地走向成熟。而在这个过程中，我们要磨练的是理解这个世界（或者说商业世界）的能力，以便能更清楚地看到这个世界的规律，而后终究有一天，我们成熟了，我们也许就开始有能力真真切切、清清楚楚地看到未来。

[1] BOX.net：在线存储服务商，2005年成立，艾伦·列维为联合创始人兼首席执行官。

4 与趋势共同成长

Facebook副总裁亚历克斯说过当年做SEO（搜索引擎优化）的时候有多容易，诸如“在白底的页面里添加很多白色的文字”之类非常非常简单的事，可这就是差异。最初的时候，一切都很容易，所以，只要肯学的人都会。然后就开始慢慢复杂起来，于是虽然更多的人涌进来，最终成为顶级高手的人却是少之又少。

国内的淘宝崛起的时候，开个淘宝店铺简单得很，并且全免费，简单到传统商家进去看一眼，觉得“这什么破玩意啊”——甚至不屑于自己去开个淘宝店。随着淘宝的成长，这些开淘宝店铺的人也开始不断成长，他们研究如何装修店面，研究如何提升自己的商品搜索排名，研究怎样才能提高转化率……在实践中总结出各种理论并不断验证。

终究有一天，大家惊到了，原来开淘宝店开好了居然这么赚钱！然后更多的“职业商家”冲进去想要分一杯羹，但门槛已经太高了——虽然淘宝本身依然免费开店，但后来者的商品排名靠后，转化率跟不上，就只好砸钱——他们发现开个淘宝店并不比开个地面店容易，虽然没有“房租”，但其他成本更高……其实他们在纳税——落后税。

人们常常朴素地观察到“努力本身好像作用不大”——因为有很多人非常努力，却好像根本就没有得到相应的回报。于是，人们又常常走向另外一个极端，把成功归结于运气。然后好像就坦然了——因为“运气么，显然是不可控的！”

可这只不过是个心理安慰，因为运气并不完全是不可控的。

仔细观察那些成就斐然的人，就会发现他们确实与众不同：

- 他们费尽心机去研究、寻找趋势。

他们更多地考虑明天会发生什么，明年会发生什么，像亚历克斯那样随着兴趣、“追随内心”，一不小心踏进趋势的人是幸运的，而有另外一群人，他们不是靠幸运，而是靠观察与思考、总结经验与教训，靠反复推演最终找到一个自己能够参与的趋势。

如若那判断是正确的，那个趋势确实出现了，而后自己竟然可以随着那个趋势共同成长，则必然飞速进步——那仿佛是自己被插上了翅膀一样。

首先，肯思考未来，就已经非常罕见了。

其次，能正确思考未来的人又少了一大部分——因为更多人的“理想”只不过是空谈。

再次，找准趋势的人又少之又少。

随后，已经站在趋势中，能够紧紧抓住潮流的衣襟死不放手的人，又是极少数——因为在迅猛的潮流中，要有很强的学习能力才可能不被甩出去。

最后，在一定的成绩面前依然可以保持清醒的人——究竟有多少呢？不清醒就会被甩出去，不会走到最后。

上个十年里，我见过几个朋友在房地产领域里翻江倒海；最近的几年里，我见过若干朋友在互联网行业里迅猛成长；也见证过若干好友在风险投资行业里蓄势发力……最终都是一个道理，他们原本就有很强的能力，但他们最强的能力在于他们可以：

- 找到一个必然迅猛发展的趋势。
- 在那个领域里迅猛地学习、实践。

于是，这些人可以最终与趋势共同成长。

运气很重要，但很多人不知道，对一些人来说，极大的运气，其实是自己找来的。

最为关键的是，这些竟然可以为自己创造运气的人，依然勤奋努力，加倍勤奋努力，亚历克斯的结语非常赞：

如若事情真的做对了，并且还像他们一样非常非常努力，那所谓的成长就是“随意”的了（汗……这个翻译真的很蹩脚）。

5 创业，地理位置很重要

领英（Linkedin）的创始人里德·霍夫曼[1]提到创业公司所在的地点很重要——这好像有点“出乎意料”。

地理位置为什么那么重要？为什么是硅谷，而不是波士顿或者纽约？这个问题其实困扰了很多人很多年。纽约是金融中心，虽然说不清楚究竟是华尔街孕育了纽约，还是纽约孕育了华尔街，但纽约毕竟还有个华尔街。波士顿呢？其实那里有着全美国甚至全世界一流的大学：哈佛大学和麻省理工学院，但这并不能使波士顿成为下一个硅谷。

有一本书特别值得读：《枪炮、病菌与钢铁：人类社会的命运》

[1] 里德·霍夫曼：Reid Hoffman，全球最大商务社交网Linkedin联合创始人之一，PayPal前副总裁，天使投资人，投资的公司包括Facebook和Digg等。

《Guns,Germs,and Steel：The Fates of Human Societies》，这本书1997年出版，1998年获得普利策奖，2005年美国国家地理学会专门制作了纪录片，在美国公共电视网（PBS）播出。

在这本书里，我们可以读到很多对历史事件的不同的解释，更为关键的是，这些解释明显比过往我们听到的解释更为靠谱。

这本书的副标题叫“人类社会的命运”，也许这个副标题更合适：“了解全球的不平等。”加州大学洛杉矶分校的教授贾雷德·戴蒙德[1]在详述一万三千年前全球各地发展水平都差不多之后，开始尝试着解释最终的发展速度差异从何而来。答案在于资源不是均匀分布的。比如，能产钢的地方，必然在冷兵器时期占据优势，获得更大的版图……这本宏大叙事的书，不是一般的有趣，而其中的科学方法论也格外醒目，值得学习。

里德·霍夫曼的解释也大致差不多，基于种种原因，硅谷积累了创业最佳的资源：人、技术、思想、人脉、资本……

里德·霍夫曼也提到另外一个有趣的现象，像团购网站高朋（Groupon）这样的“重运营”的公司，是不可能出现在硅谷的，因为硅谷不喜欢堆积人力的模式，于是，要是高朋网跑到硅谷创业，估计连A轮都拿不到……

最近的一个例子是Yik Yak，这个西雅图出来的公司，不遗余力地做“地推”，这是硅谷的公司绝对不肯干的事情……于是，最

---

[1] 贾雷德·戴蒙德：Jared Diamond，美国演化生物学家、生理学家、生物地理学家及作家，美国艺术与科学院及国家科学院院士，《枪炮、病菌与钢铁：人类社会的命运》的作者。

终Yik Yak这个后起之秀风投盖过了硅谷的公司Secret。

所以，地理位置不是没有生命没有灵魂的东西，更多的时候，我们会发现一个城市有一个城市的气质，那个地方散发着属于它自己的特有的“信息素”。

为什么北京的TOEFL/GRE成绩比其他城市的高？难道真的是：

- 北京考生的平均智商更高？
- 北京新东方的教学能力更强？

没有任何统计数据可以支持这两个解释。更可能的解释是，北京新东方在散发一个特有的信息素，那里天天有大量的学生在玩命地学考试技巧，别管那技巧是否真的有用，因为总有人勤奋，总有人聪明，于是总有人考出好成绩……于是，这个区域里更多的人仅仅本着朴素的“连你都行，我也没什么不行”的态度加入了战斗。于是，信息素的浓度更高，于是影响更大……

反过来，硅谷想要打造一个华尔街，也同样是不可能的事情——气质不对。

这些现象背后都有一样的道理。

创业是比考试更严肃的事情，于是，这样重要的因素当然要格外注意。而投资人也一样，忽略地点的因素肯定是不合适的。观察一下北京、深圳、杭州、上海几个主要城市的创业者“气质”，我们也会发现很多不同。北京有百度、360、新浪、搜狐；深圳有腾讯；杭州有阿里；上海有携程……这些公司本身也在影响当地的创业气质。想想看有多少从这些大公司出来创业的团队，你就知道这些公司对当地的影响有多大了。

霍炬写了一篇很好玩的文章:《力争以本篇终结北京上海创业环境之争》，也值得认真读一下。比如，我比较认同这个观察：O2O创业，很可能上海更有优势一点。

最近各地政府也在响应号召，纷纷建立各种“创客空间”“创投基金”“创业开发区”什么的……我猜很少有地方政府能想明白，这事儿不能这么干。看看纽约、波士顿、布鲁克林想要复制硅谷这么多年都未果的现象就应该多少明白一点了。如何突破？一篇文章写不完，但可以提个醒：为什么风投相对创业更少受地理位置限制？

讲项目，只用一句话就够吗 6

YC合伙人迈克尔·赛博尔[1]在讲解如何给投资人讲项目的时候，提到一个妈妈测试（Mom Test）：

- “如果你不能用一句话让你母亲看懂你在干吗的话，重写。”

这多少会让中国人想到白居易的“老妪都解”。事实上，所有的老妪都不是“无知”的，毕竟活得久，看得多，偶尔想想也可能成精……要不然也不会有老妪给李白讲“只要功夫深，铁杵磨成针”的道理。

只用一个简单的句子就说清楚一个复杂的故事，确实不是很容易的事情。

---

[1] 迈克尔·赛博尔：Michael Seibel，就读于耶鲁大学政治学专业，社交软件Socialcam和Justin.tv生活频道联合创始人兼首席执行官。

我最初注意到这是一个需要刻意训练才能习得的本领，是在看各种电影杂志的时候。我发现那些影评高手，总是可以做到一句话就巧妙地讲完，更高的高手竟然可以做到同时并不剧透！而我们自己推荐朋友看一个电影的时候，总是这样开始：

· 哇，这部电影太棒了！

然后恨不得把整个电影全讲一遍……

另外一些人却可以在足够吸引人的情况下，一句话概括本质，却又尽量不剧透（当然，剧透烂片无罪）。

《剑雨》：恨不能把根留住。

《雷神1》：爸爸再爱我一次！

《雷神2》：哥哥再爱我一次！

《阿甘正传》：命运无常。

《太阳照常升起》：一个最可爱的人四处胡搞瞎搞，最后一枪把自己的儿子干掉了。

《盗梦空间》：一个反“真爱不朽”的伪枪战片……

再后来我自己陆续写过几本书，最终明白，确实，“一句话就够写一本书”：

·《把时间当作朋友》：因为事实上你根本无法管理时间，所以你就去管理自己吧！

可是在描述项目尤其是创新项目时，我自己的经验是：

· 确实很难做到一句话说清楚。

· 更别提给大妈讲清楚了。

想象一下吧，我参与的一个创业项目是这样的：

· 它是一个“基于区块链技术进行版权鉴定与分发的去中心化服务”……

概念量如此集中的一句话，分明不是大妈可以听懂的，即便是最聪明的家伙们，也需要花很多时间研究才可以吧？

迈克尔·赛博尔强调，要假定对方什么都不懂：

“你要当我什么都不知道，完全不懂任何东西。”

从我个人的观察来看，这反过来倒是投资人的修养，要做到“先清空自己，全盘接纳，而后思考，最终提炼合理结论”，虽千万人，达成者凤毛麟角。谁都不是明镜台，早就染满了尘埃……

我在Part1第9节提到过南隐禅师的故事，南隐禅师曾对来访者说：“你的心就像这只杯子一样，里面装满了你自己的看法和主张，你不先把自己的杯子倒空，叫我如何对你说禅？”

这从另外一个角度解释了为什么地理位置确实重要。在硅谷，即便一个投资人使尽了吃奶的力气“倒空自己的杯子”，其实他已然知道很多很多事情：他知道什么是“去中心化”，他知道什么是“区块链技术”——也深知其深意，他知道“版权鉴定和分发”的关键在什么地方……因为这是那个圈子里最近一段时间大家天天讨论的东西……在波士顿可能就没几个人在意这些概念，在中国黑龙江省海林市（随便用的一个地名，换成任何一个二线城市都可以），那就更没有人在意。

我最近就在想如何一句话说清楚“知笔墨”：

· 知笔墨是一个用户公司，它为用户提供一个注重原创、注重系统的自出版平台，为用户的成长提供必要的养分。

虽然只用了一个句号，可它分明是三句话嘛！只用一句话说清楚，我真做不到。即便是上面这个“伪单句”，我也很怀疑别人是否一下子就能明白它的价值……

7 回头不是岸

小时候，我们的课本里有“叶公好龙”的故事：

叶公子高好龙，钩以写龙，凿以写龙，屋室雕文以写龙。于是天龙闻而下之，窥头于牖，施尾于堂。叶公见之，弃而还走，失其魂魄，五色无主。是叶公非好龙也，好夫似龙而非龙者也。

——《新序·杂事五》

很多时候，创业者其实都是“叶公”而已。真的龙出现了，根本无法直面。他们对所谓的创业，有的只不过是各式各样的不切实际的幻想，却全无脚踏实地的判断。

山姆·奥特曼在最后一课的时候再次提起：

· “创始人很少考虑长远。”

对应着他在第一节课里提到的：

- “长期思考是罕见的。”

其实，如果能成功的话，就算是10年，也是很短的时间——多少人穷尽一生也没做成任何事情。

近距离观察那些基于种种原因使得公司迅猛成长的创始人们，就不得不慨叹他们的巨大变化。成功其实就像一个黑洞，一切物体都会被它拉长……

恨你的人会更多，爱你的人却可能变少；友谊可能变成仇恨，仇恨却常常无法变成友谊，无论如何你都会成为平庸之徒的靶子……无论你做多好的事情，都会有人嗤之以鼻，甚至恨不能以狗血淋之。

几年前，有位1992年出生的高三学生来找我，他做事做得不错，但没控制好成本，利润被花光了。于是，我投资了他一点点钱——其后他在大学四年里，每年都赚一两百万……2015年他快要大学毕业了，企业估值也千万美元了。

第二年的时候，他的合伙人出走，回头就做了与他一模一样的事情——当然，这种人也不会干别的——随后发生的一切，全是我提前提醒过的：四处被揭露黑幕，谣言满天飞，经常被寻衅滋事……

我的建议只有一条，三个字：

- 别理他。

三年后，我们聊起这些事情，他就慨叹，亏得完全没理那些事情，否则今天的一切就都全不存在了。而那次经历之后，他更加明白“不受外界影响”有多重要。

在遭遇外界干扰时，保持良好的心态确实很难，这就像将要进入黑洞甚至是将要穿过奇点一样。但如果你能预见到未来的成功，你会淡定很多。

创始人要尝试着培养自己的远见，而不是整天想着做几年把公司卖掉，然后做投资去——这个想法还真的非常普遍。最近国内的流行趋势就是，创业失败怎么办？去投资公司做投资经理吧！

培养远见也不容易，但有个很简单的起点，就是从一开始就知道：

· 迈出这一步之后，一切都将不同，且再也不可能回头了，回头不是岸。

8 如何避免出师未捷身先死

创业是一个漫长的过程，远比想象的漫长，只有走到尽头回头看的时候才觉得“光景一瞬间”。整个YC创业课一直在警告想要创业的人，要有远见，对未来要进行深度思考。

到了最后一节课，山姆再次提到“筋疲力尽”：

“错误的做法是持续英雄模式直到累残，这也是很常见的一种情况……我们常常可以看见一个创始人持续辛苦三四年来经营他们的业务，从未休过一天假。假如这样工作一年两年是没有问题的。时间长了真会搞得人筋疲力尽。”

创业团队最痛苦的阶段就是在做出东西之前，需要长期玩命工作，但做出的东西却可能被验证为是失败的。而后的每次转向，其实本质上都可能是从头再来。每天工作12个小时——比别人多出一倍，一旦失败，就等于浪费了两倍的时间……个中痛苦可想而知。

很多人、很多团队，其实都是这样“出师未捷身先死”的。

谁不希望自己能有一条康庄大道可以走呢？可事实上，大自然中更多的是山路十八弯。创业某种意义上是爬山、登顶，而情况更可能是：天很冷，路很滑，看不到太阳……因此很多的时候，心态很重要，而良好的心态常常来自于提前准备好的耐心。

有个比较好玩的例子：

医学院里的学生，在学习如何检视X光片的时候，一开始几乎无需“练习”，正确率就可自然达到80%以上。

但这不够，作为职业医生，要做到95%以上，当然最好是100%。于是，他们要每天看很多张X光片，做很多甄别。

经过一段时间的练习之后，期中考试，学生们会痛苦地发现自己的正确率事实上降低了，甚至还不如之前完全没有练习过的时候——比如正确率可能是65%。

——这是正常现象。因为已习得的知识其实增加了甄别的难度：有的看起来是问题，但实际上并不是问题；有的看起来不是问题，但实际上是严重问题……

再经过一段痛苦的挣扎，到了期末考试的时候，大家的正确率开始回升，直至专业水平。而医学院里的老师，则常常拿这个过程当作教学工具，时常提醒学生们回顾当时的情形，以便对当前的困难有清楚的认识，也对未来的前景有更现实理智的判断。

有了预先准备好的耐心，就可能有比别人更好的心态。创业也一样，走出去就回不来。那句话是怎么说的来着？前途是光明的，道路是曲折的。

9 可怕的归因错误

有个词很有趣，叫“C轮死”——指创业项目在C轮的时候阵亡了，无论在此之前它看起来多好，多么受资本青睐。

2015年4月份最著名的“C轮死”案例可能是匿名社交软件Secret的阵亡了。Secret前后总计3500万美元的投资化为乌有。在此过程中，两位创始人前后套现600万美元，财富杂志的评论是：

- “这些家伙在自己成功之前……成功了。”

仅仅几个月前，还有个朋友跟我讨论是否该接受一个offer，在中国运营Secret。当时我的意见是别去，没意思——虽然当时我们讨论了足足两个小时，同时扯淡喝茶，但结论确实非常简单，就是“没意思”。我不看好一切“匿名社交”——它们可能火，不仅火一阵子，而且还会“总是存在”，但，实名社交的市场更大，不仅更大，而且大很多很多；更为重要的是，只有实名社交才有商业机会。

“C轮死”这个现象有趣的地方在于，它折射的是个普遍的逻辑错误：归因谬误（Attribution Fallacy）。

A轮、B轮的时候，公司业绩确实不错，这是有原因的，问题在于：真正的原因是什么呢？

像Secret这种应用，火的原因不是因为大家都爱这个产品，而是因为人群中就是有相当数量的人确实是阴暗的，只有他们才喜欢用这种东西。然后问题就来了，接下来呢？你“成功地”聚拢了一大批心理阴暗的人，然后呢？

国内也有另外一个例子：豆瓣。

豆瓣没死，但说实话也跟死了差不多。在我看来，豆瓣就是那种明显的“归因谬误”的受害者。

豆瓣一直以为自己是靠“小清新”赢得大市场的——这决定了它后面所有的决策。可实际上，根本不是如此，豆瓣上最火的地方是“小组”，豆瓣上最火的小组都是“重口味”的。“重”字读作“chóng”，意即：多重（chóng）重（zhòng）口味。

千万不要误以为我在鄙视豆瓣。我真心羡慕一切做出这种大社区的人和公司。而从另外一个角度来说，豆瓣是一家值得尊重的公司，因为它在相当长一段时间里几乎是国内罕见的、甚至唯一的“原创创见”。

值得注意的是，归因谬误，常常不是逻辑问题，而是心理问题。

生活中常见的例子是，大多数女生对自己相貌平庸所以没人追求的解释（归因）是，“我才不是那种人呢！”——这句话后面的各种隐含意味能给自己多少心理安慰！

10 把自己当作创业公司

我推荐过里德·霍夫曼的一本书：《至关重要的关系》(《The Start-Up Of You》)，这本书非常值得看，有很多不一样的观点。

事实上，YC这套课程里的很多原则，都可以投射在自己身上。

在《像成功天使投资人一样寻找自己的雇员》里，我们这样总结牛人的特质：

- 有强烈好奇心。
- 自学能力强。
- 不断造新东西。
- 属于Be-Better类型。
- 有独立思考能力。
- 方法论明晰。
- 价值观坚定。

如若把自己当作创业公司的话，自己就是这家公司的唯一创始人以及合伙人，自己就应该是具备以上特质的人。

有个很有趣的点：以上的素质并不涉及道德伦理。所以，有时候你看到一些坏人实际上也具备这些素质，所以他们才能成为“成功的大坏蛋”。做人就是这样，无论好坏，都要做到极致，否则没劲，哪怕是做坏人，自古以来也是“窃钩者诛，窃国者侯”。

你要常常审视自己的理想——就是要有“创见”，那理想是不是具备相当的价值——当然不一定是商业价值，但商业价值也确实是最客观的衡量方式之一。它要足够伟大，它要足够现实。

把自己培养成聪明的人，不仅要特立独行，还要正确地特立独行。

对个体来说，最重要的指标只有一个：成长。要了解自己，要想办法能够正确地感知这个世界，自己要有灵魂。可以不用低调，但要消磨自己没必要的所谓自尊。

选择去做不能规模化的事情——这个建议不稀奇，但牛人想的都一样，巴菲特的措辞是：

- “只做没有捷径的事情。”

你要想独占鳌头（国外叫“Unicorn”），避免竞争的正确办法是“做到最好”。你不仅要有一技之长，且那一技要相当地长，比他人长出许多——直至他人都懒得跟你比的地步。要学习技术，了解技术，不要以为自己就像小说里的刘备那样，天天只会哭，身边就会自动有关羽、张飞、诸葛亮。

不断学习，与聪明人为伍，不断地动手做事做东西，慎重选择朋友，果断离开那些没必要的所谓朋友。

笃信简单的道理，做稍微复杂一点的事儿。

去该去的地方，每天都要花时间思考未来。做事儿要像自己的雇佣兵，想事儿要像自己的传教士。做事儿可以拼命，但不能累垮，要悠着点。

学会销售。锤炼自己的沟通能力。不仅能够说服他人，还要努力提高接纳不同意见的能力。时时刻刻都要认真审视自己，如果自己做得不好，要第一个知道。

没有什么比思考能力更重要。清楚深入的思考，会让你遏制莫名其妙的灾难。要常常举一反三，要常常提炼自己的思想——虽然这很不容易。

要养成书写的习惯——善用文字，是人类区别于其他动物的最大特征。

所谓的执行力，其实本质上还是思考能力。想清楚想明白的人，自然而然就做对了——对他们来说执行没有多难。执行力差，只不过是因为不知道应该干什么而已。

不要“跟着感觉走”，所谓的成长，就是不断发现自己的直觉实际上是错误的过程。要知道，既然选择了快速成长，自己就是活在黑洞里的人，跟别人不一样。永远不找借口，时刻正确反思自己的成功和失败。

总之，会不会飞没关系，但最好做一个不可或缺的人。

Part 7

资本的喜好

——天使投资人最在意的那些事

成功的投资与成功的人生一样，都最终属于那些不断打磨且恪守优化策略的人。

1 从闲聊开始吧

擅长闲聊是投资人的基本素质。看似漫无边际漫无目的的闲聊，常常会在不经意之间给双方留下很多有价值的线索——当然，有趣的闲聊确实是人生重要的乐趣之一。

创业者要选择方向、要选择合伙人、要选择初创团队、要选择投资人；而投资人要选择赛道、要选择自己的合伙人、要选择创业者、要选择下一轮投资人……创投圈其实就只有一件事儿：选择。剩下的都是闲聊了。

大多数人最终会结婚，而结婚的本质是选择人生的合伙人。绝大多数人其实并不懂如何选择，甚至没想过应该选择，他们对自己撞大运的行为有个好听的描述：随缘。剩下的小部分里的绝大多数，用心选了，但选择的原则与方式是不正确的，于是结果还不如随机来得好，于是最终慨叹：千方百计却也拗不过命啊！

而这也解释了为什么幸福婚姻其实是小概率事件。

如何选择婚姻对象呢？有个好玩却也有效的策略——数学家们整天研究这个，于是他们有个魔数（Magic Number）：37。

如果你正在选择你的婚姻对象，那么你所面临的问题可以简述如下：

> 假设你有机会能陆续接触一百个候选人；而你最终只能与其中的一位结婚，并且最好相当成功，这样才不至于将来只能离婚；每次你都只能约会一人，而下一位在此之后的一段时间才会遇到；在与某人约会的过程中，你能判断此人是你目前已见到的最好的，但你无法判断此人是不是所有一百人中最好的；如果你在约会后决定放弃某人，那后面再也没有机会与此人合好，因为对方可能被别人抢走了……选定了意中人后，你就得与对方成婚，并且你不能再约会其他人——因为这是不道德的。

在这些限制条件下，关系定得太早，你会追悔莫及，因为后面几乎肯定有更精彩的；关系定得太晚，你会追悔莫及，因为也许最精彩的已经被你错过……

可以用数学证明的最优策略是这样的：

- 忽略前37个约会对象，只观察，不决策，从第38个开始，一旦遇到“目前为止最好的”，就直接选择，与之结婚，不再约会。

运用这个策略，有接近40%的机会选中最好的那位；有几乎70%的机会选中最好的或次好的那位。而这也解释了为什么初恋成功率非常非常低。

证明过程稍显复杂，有个捷径算法，就是记住一个数字，2.72：

- $100/2.72 \approx 37$。

也就是说，如果你觉得自己其实有150个候选人的话，那么就应该在从第56位候选人开始作决定：

- $150/2.72 \approx 55$。

当然，参与股权投资与恋爱婚姻不一样的地方很多。比如，你的候选人当然不一定是一百个；当然，你不可能只投一个案子，且这个案子恰巧是你一生中最好的案子；又当然，你可以同时看很多案子却毫无道德压力……不过，如果你是新投资人，不妨套用一下这个策略，多看一些案子，多观察而不决策，一段时间后再开始行动。

而这段闲聊的意义在于：数学很重要、逻辑很重要——前任证监会主席肖钢同学说自己数学太差才学的金融——要么是这个玩笑开得太大，要么是这种教育太可怕。

我自己刚开始做投资的时候，全然忘了这个原则，这就好比劫匪拿着刀子威胁你的时候，你却在慌乱中根本没想起来随身的背包里还有一把上了膛的枪一样。我上来就投了几个案子，其中还真有大手笔……现在回想起来，一身冷汗：幸亏那些都在我自己最熟悉的领域——比特币世界里，否则我可能会死得很难看。

人生是由选择构成的，而成功的投资与成功的人生一样，都最终属于那些不断打磨且恪守优化策略的人——这毫无疑问。

2 多少个鸡蛋放到多少个篮子里

在上一节中，100，虽然只是一个假定的数字，却可能需要认真对待。

股权投资本来风险就很大——因为它不是债权，所以从一开始就有化为乌有的风险。而早期项目的股权投资风险更大——有太多不确定的因素。这不是开玩笑：连创始人谈恋爱最终都有可能成为致命打击。

于是，这是事实：

· 对投资人来说，每一笔股权投资都是赌博，总有一些可能导致失败的因素。

于是，这也是事实：

· 只有一直坐在牌桌上才可能是赢家。

第一个项目就大获成功的概率事实上异常的低——虽然真有

人做到；而盲投一万个项目，其中也一定会有异常成功的案例，可没有人一下子投得起那么多项目。于是，正确规划自己的投资金额，是很基础的功课。

首先要确定的是：

· 自己可用来投资的钱究竟应该分成多少份？

举例来说，自己总计有300万人民币可以用来做股权投资——这是个人参与股权众筹的法定最低资金持有额度——那么，如果分成100份，也就是每个项目最多投资3万元人民币（最好从你看到的第38个项目开始起投）；如果分成20份，那么每个项目最多投资15万元人民币（最好从你看到的第8个项目开始起投）……

其次要确定的是：

· 这些钱分几年投完或分为几期？

千万不要一下子全都投出去，那样的话，最终你就会和很多业余天使投资人一样，落入一个“有资产无现金”的尴尬境地。随便分几年都比一下子投出去强。比如，分3年投出去。这样的话，到了第二年的时候，你还有钱可以投资；甚至到了第三年的时候，第一年投资的项目已经开始有套现交易……于是，（T+1年）的结构就形成了。看起来很简单，是吧？

这还是事实：

· 操作起来你就会发现根本不是看起来的那么简单——你随时都有毁掉既定原则的冲动。

最终，所有的成功投资者都明白，没有什么东西比原则更有价值，也没有什么比违背原则更愚蠢。

3 早期项目中什么最重要

很多人认为作为创业者最重要的素质是足够聪明。但对投资人来说，那只不过是应该具备的基本素质而已，是必要条件，但不是充分条件。

投资人更需要关注的是创始人的人品。

· 正直、坦荡。

不在意创始人的人品，管那么多干吗，只要能赚钱就行——这是天下最大、最深的坑；尸骨虽万千矣，入坑者却仍然前赴后继。

事实上，仅仅正直、坦荡，并不足够。更多的时候，投资人应该认真审视可能的投资对象的价值观。三观不合是婚姻破裂的最根本原因，更何况投资关系！

投资人为什么要找与自己的价值观相同的创始人呢？

· 在双方价值观相同的情况下，对方的行为是可预知的

（predictable），只有这样，才能使沟通成本最低，沟通效率最高，避免不必要的误解和纠结。

我有个难忘的投资案例。在最初的一段时间里，毫无投资阅历的我，虽然注意到创始人是个迷信的人，但却决定尝试着不在意。他会跟我讲自己最近一次的算命结果，然后还要反复讲述自己的朋友是怎样被那个算命大妈震撼的……我当时以为这与商业模式没有任何关系，对方的人品其实也不错，只不过是“迷信一点而已”，我应该学会容忍与自己不一样的人。

事实证明我错了。这个与我三观不同的人，在遇到重大决策的时候，会作出我完全无法预期的决定——乃至于我想帮忙也没有机会。最终在几个关键的节点上，他所作出的决定令我大跌眼镜！即便我尝试着去理解他，也不大可能迅速学会他因价值观错位而最终逻辑混乱的决策过程……我只好认栽，从自己的账上划掉一大笔钱，痛！

虽然价值观这东西可能每个人都不一样，也因此很难说哪一个就是正确的价值观，但作为投资人，一定要注意：

- 只投资与自己的价值观相同的人——哪怕相似都不行。

这是在投资决定完成之后保持心理健康、心态平和的关键和基础。

4 选择赛道是谁的事儿

选择赛道很重要——其实这也是整个所谓“风险投资模型”的核心。

投资成熟项目的基金，通常给自己取名为“×××轴心”；而投资早期项目的基金，都自称“×××风险”，因为它们的投资模型并不相同。

“风险投资”其实只是一个投资模型的名称，风投机构并不像人们望文生义的那样，追求高风险……恰恰相反，这个模型的设计初衷就是为了避险，简述如下：

首先，锁定一个高速增长的领域。

而这里所说的高速成长，是指它可能承载几十倍、几百倍，甚至成千上万倍的收益。

其次，在这个领域里找到自己看好的许多个项目去分散投资。

最终，对投资人来说，赌注在于，他们希望通过这样的方式最终锁定一定数量的成功项目，哪怕其他的都死掉了，最终平摊下来，依然可以达到年化收益25%以上。

业余投资人常常心仪的不是25%的年化收益率——其实这已经很高很高了，他们往往只看到某个明星投资人的某个项目有百分之十几万的收益……殊不知，那些死掉的项目，明星投资人是绝口不提的。

事实上，顶级的投资人和机构，赚走了绝大多数的利润，他们之中的佼佼者甚至可以做到年化收益百分之几百；而绝大多数的早期投资者，最终的收益甚至跑不过银行利率和通货膨胀的叠加——因为他们投资了太多根本不可能有几百倍收益的项目。

从博弈的角度来看，选择赛道，并不像看起来那样是创始人的决策。事实上，这更应该是投资人的决策——应该由他自己笃定地选择自己的赛道，恪守自己的原则，只投这个赛道里的项目。

在自己选定的赛道里遇到了自己心仪的选手是极大的幸运。千万不要以为自己可以说服某个人进入他原本没有兴趣的赛道——即便有时你看到别的投资人貌似成功地说服了其他的选手。

绝大多数人都是他自己的历史造就的动物；而那些无边界的人确实存在，但他们几乎总是并不需要投资——这是事实。

说服一个人不去做他想做的事情，而是让他去做自己选定的赛道里的选手，这也是业余投资人常入的大坑——踏进去就很难出来。

圈里常常流传着这样的话：

· 投资人是帮别人实现梦想的，而不是实现自己的梦想的……

这话说得不够清楚，所以常常得不到重视。

事实上，谁能没有梦想呢？投资人摆脱了经济束缚，当然更有资格和能力谈论和追寻梦想。投资人自己追求自己的梦想是没错的，错的是误以为自己可以为他人设定梦想，甚至选择梦想……

尝试劝说创始人要现实的想法是不现实的。

当投资人遇到一个自己心仪的创始人，最终却发现此人的一些想法，甚至是大方向就不现实的时候，几乎一定会忍不住去说服对方。

以后的经验会反复证明给你看：这是不现实的，甚至是不厚道的。

人能被对方说服，常常需要几个与逻辑全无关系的前提：

· 双方相识已久，有足够的相互认知和相互信任。

· 说服一方即便是对的，讲道理的方式和说话的腔调也不能是说教，不能是居高临下。

· 被说服一方是更重视逻辑而不是更重视输赢的人。

· 被说服一方确信对方不是另有目的。

而事实上，在投资人和创始人相遇的那一刻，这些条件几乎全都不满足。

而从另外一个角度，“自以为是”某种意义上是创始人必备的素质——“自以为是”并不总是坏事。创始人不但要“自以为是”，还要常常“固执己见”，否则根本就不可能在创业的路上走下去——这一路上要经历多少质疑、嘲弄、屈辱，必须坚持自我才行啊！

我做过很多年的老师，所以我在最初的一段时间里，做了很多投资人不应该干的事情——总是想通过言辞上的逻辑说服对方去做正确的事情，于是，常常适得其反。

用言辞上的逻辑严密地证明对方不现实，直到对方哑口无言……结果是什么呢？结果是对方要么开始打心眼里讨厌你；要么就是心里暗暗想，傻瓜，等我证明给你看！

我常常反省，后来发现我自己也是个常常自以为是、固执己见的人，乃至于常常在几年之后发现自己被自己打脸，乃至于要厚着脸皮向当年给我正确建议的人道歉并请客致谢……

创业与投资的讨论，常常无果而终——此中的深刻原因在于：

- 对于一件尚未发生的事情，很难产生有效的讨论。

这就解释了为什么很多超级投资人在做超级投资决定的时候，常常只是与创始人闲聊，甚至避而不谈实际业务……没什么可探讨的，只要自己已经选定了赛道，对方又是这个赛道里的超级选手，甚至连三观都与自己相符，还有什么可说的呢？

所谓大道无形，如是。

5 领投与跟投的机制靠谱吗

早期项目的股权投资风险非常大。而对于业余投资人来说，更是如此。

最终，每个早期项目的投资人都会知道：

- 买项目容易，卖项目难。

买入一个项目的股权很容易啊，因为那是花自己的钱；可卖出一个项目的股权就没那么容易了——因为那是让别人掏腰包。

有经验的投资者，常常在出手买项目之前，已经设计好出售路径，他们知道这样的项目，如若成功，下一批投资人应该是谁。硅谷的投资机构A16Z在这方面是典范——他们维护着一个非常庞大的投资人关系数据库，雇佣很多人增补、整理、分析这个数据库，作为他们投资决策的重要依据。

业余投资人通常没有这种资源和能力。于是，绝大多数业余投资人选择参与众筹，也就是说，跟大伙抱团。虽然这是个不错的思路，可是也得注意：

· 人多不一定力量大。

国外的Anglelist[1]也好，国内的各种投资俱乐部或者众筹平台也罢，常常采用“领投+跟投”的模式。

这种模式肯定是有好处的，并且看起来也是最好的“没办法的办法”，但不足的地方是什么呢？

· 知名投资人或者机构领投本身几乎并不影响项目的成功率。

不可否认，知名投资人或机构有更好的“眼光”——因为他们有更专业的知识、调研能力和人脉（其实很多的时候这些也确实只是空谈），但早期项目就是成功率很低的，投资人的眼光常常与成功率并无关系。要是领投者出具担保就不一样了——当然在早期项目的股权投资上，没有人会这么做，更没有人敢这么做，也没有人有必要这么做。

跟投者和领投者的资金风险是一样的。如若项目失败，无论是跟投还是领投，风险其实是一样的，都是投资款化为乌有，并不会因为选择了跟投就能多收回一些。而与此同时，如若项目成功，收益却要更少一些——因为领投者通常会按照约定拿走一部分……

领投者有另外的风险。

领投者的资金风险其实与跟投者是一样的，反正项目失败了谁都拿不走什么。但领投者的收益中有另外一个重要组成部分：

[1] Anglelist：美国一家专门连接早期创业企业和投资者的融资平台和社交网络。

声誉。自己领投的项目不断成功，就会积累更多的声誉。在投资圈里，声誉几乎就是现金——有声誉的投资者不再被认为业余，他们随时可能从一个独立的投资人升级为指挥若干亿资产的基金合伙人。当然，项目失败的话，声誉就会受到影响，可关键在于从本质上来看，项目失败的可能性就是更大……结论是，没有实力不要乱领投。

投资的核心从来都是这样：

- 自己的决定自己埋单。

所以，投资就是投资，实质上没有“领投”和“跟投”之分，自己的决策要自己去做，自己做好的决策自己要承担后果。当不幸来临的时候，无处哭诉。

6 早期项目股权投资最大的风险

日常生活中，我们会玩各种博弈游戏：下棋、打牌、踢足球……

这些博弈游戏的特点是，你能看得到对手，以及对手的种种反应。于是，作为参与者，我们常常可以通过观察对方的行为进而作出相应的调整。

在球场上，对方队员冲过来，如若他跑的速度比你快，你可能的回应就是把球传出去……如果对方射门很准并且已经在可能射门的范围内，你的选择通常是把他铲倒——哪怕可能因此犯规而被罚下场……

当你投资了某个创业项目之后，你们就是一伙的，然后目标只有一个：赢。

如果，在决策之前，你知道你的竞争对手是谁，那么：

- 经过分析对比，你发现自己并不具备绝对优势，所以你决定放弃……

· 经过分析对比，你觉得自己优势明显，所以决定放手一搏……

第一种情况其实并不丢人，反正机会多的是。第二种情况当然也没问题，因为你有自信。可问题在于现实中的博弈，从来都不是那种简化过后规则明确的场景，最大的风险来自于：你甚至不知道你的竞争对手在哪里……你也不知道他们是否遵循相同的游戏规则……也因此你完全不知道对方在干什么。

若是等你启动一段时间后，才发现有你之前并不知道的竞争对手，而后在他们面前你毫无优势……赢，就只能是一厢情愿而已了。

在我眼里，这才是参与早期项目股权投资需要众筹的根本原因。

信息完整既然是不可能的，就不要去奢望；但信息更完善一点是有可能的，并且已经有被证明为靠谱的解决方案：

· 众包。

虽然群智在决策的时候常常并不更聪明，甚至更愚蠢；但群智在获取更多感知方面的能力是毋庸置疑的。所以，感知要靠群智，决策要靠自己。

关于如何决策，我的一位老朋友，CoBuild的合伙人铁岭有这样的总结：

· 听大多数人的话。

· 参考少数人的意见。

· 自己作决定。

——我觉得在生活的各个领域，这都是极为深刻准确的建议。

7 早期项目投资最难的部分

我个人在最初的时候以为自己拥有较完整的知识体系，后来却发现完全不是。

2013年下半年开始，我大约进行了一年半左右的投资活动。虽然最终业绩不错，但整体上来看，成功基本上只局限于比特币领域，而比特币之外的投资活动，成功率非常低——虽然在比特币领域也有失败的项目，但成功率却相当高。

我占了个巨大的便宜：我从来不出去找项目——这对其他投资人来说几乎是不可能的。

想在比特币领域创业的人，都会第一个想到我，就算不找我投资，也想听听我的看法。所以，我连个投资经理都没有，虽然有个助理，她也完全不管这方面的事情。我只是时不时打开邮箱，看看新进来的商业计划书（BP），好的就细问一下且给点建议，不好的就随便聊聊……这在其他领域里是完全做不到的，因为向我邮箱里发BP的创业者来自于全球各地。

我决定开始接触比特币之外的世界，来自于一个朴素的看法：

如果一个地方让你太舒服、让你乐不思蜀，你就肯定会于不知不觉中退化成一个傻瓜。

于是我开始接触其他的领域，瞬间发现并体会到各种劣势。当然最明显的就是项目源少得可怜且质量不高。

实际上都没什么可选，还谈什么选择策略呢？

随着时间的推移，我接触到越来越多的早期项目投资者，也包括机构，发现大家面临的问题是一样的：

- 首先要有量，才有质，然后才有决策质量可以发挥的空间。

与其他投资者抱团是一个选择。

但这个选择也有局限，因为抱团也需要对等——很强的投资者并不是不屑于与业余投资人抱团，而是那样会真真切切地降低自己的效率。差的投资者们抱团只能变得更愚蠢！

参与众筹平台上的项目也是个选择。

但这个选择也有局限，因为那上面的项目常常要么质量极差，要么已经不再是最初始状态——虽然我个人不觉得这是什么问题，但我了解很多投资人的心理，大家都希望自己有机会从一开始就与出众的项目站在一起。

于是，还剩另一个现实、有效的选择：自己鼓捣出一个出众的项目。

这是个榜样的世界，光说是没有用的，聪明也常常显得无补于事，必须拿成绩说话。做出来比说什么都强。你做出一个好项目，大家就会认可你，甚至想当然地高估你——这只能让你获得更多相对优势。

其实，这并没有看起来那么遥不可及，因为诀窍在于你在跟身边的人比，而不是跟全世界的人比。而道理也是站得住脚的：所谓影响力，就是从身边一点一点拓展开来的。

所以说，出路其实只有一条：

· 通过摸索，走过失败，最终搞出一个大家伙。

投资比创业还残酷，创业失败了，人家还会鼓励你，你投资失败了，没人可怜你，有的只是鄙视——你还得默默忍受。嗯，就是这样。

8 投资人最重要的能力是什么

这是我最深刻的反思之一。我的职业生涯中包括一段在新东方教书七年的经历，所以，是个擅长说的人，并且会不由自主地常常对自己的思考能力引以为豪。而在此之前，我有七年的销售经历——工作主要靠说……

于是，我不幸在最初的一段时间里成了那种最令人厌烦的投资者：

- 说得多，听得少。

我最初的反省是，那些听我讲的人并未明显不耐烦可能是因为我的资历和名声；后来我才深刻意识到，其实更多是因为最初我遇到的那些人多半能力欠佳，确实还需要更多的磨练而已。如若他们是现在我每天都能遇到的令我自己都佩服的创业者，那他们一定讨厌死我了。

· 创业成功，需要坚实的商业模式作为基础。

虽然这个论断可能有人反对，但相信我，那些都只是“名词之争、概念之争”，商业模式就是根本。而商业模式上的思考能力，常常全然独立于其他的能力。

学习能力本身好像是普适的，你学会一门外语，再学另外一门就会相对容易；你学会一项技能，那上面的经验可以随时用到其他领域中去……可商业上的能力，相对就不那么通用，也不那么容易从其他领域借鉴，更为关键的是，这种能力很可能很快就会过时——因为时代变化越来越快。

从另外一个角度，商业上的成功是完全以“胜者王败者寇”的逻辑运转的，并且是在经济学基础前提（资源有限）完全适用的情况下运转的——在有限的时间里，既定的政治经济环境里，有限的资源调动能力上评价商业行动上的成功。在这里没有“理想状态”，只有“暂时顺利”，突发的意外随时闪现。

自恃聪明在其他领域里其实是对的，在商业世界里却是真真切切的危险。对创业者来说，自以为是在某种意义上是一种保护，对投资人来说却往往意味着早晚降临的灭顶之灾。

经过一段时间的磨练，我个人以为投资人最重要的能力是：听——集中精力、认真仔细地听。不要急于反驳甚至批驳创始人的看法——事实会冷冰冰地证实那么做百无是处。与其那么做，还不如静静地听下去，去想：

· “他为什么会这么想？”

· “他的历史可能有什么样的部分才会这么看问题？”

- “既然他是这样的想法，那么他更可能会做什么样的事情，什么样的决策？”

有趣的是，当我开始这么做的时候，经常发现自己之前想的并不一定是正确的，甚至干脆是挺愚蠢的……为了强迫自己少说，我甚至给自己定了条规矩：

- 所有可能的反问，都留到下一次讨论再说。

这给了我巨大的帮助。首先我自己多了很多的空间去思考，去探究。更为重要的是，我发现对方常常因为已经隔了一段时间而接受起来非常轻松——这真是意外收获。

如何成为受欢迎的投资人

这条建议来自于“硅谷人脉王”，Linkedin的创始人，“Paypal黑帮”[1]成员里德·霍夫曼：

· 先帮上忙再说。

说起来容易做起来难。这几乎就是个照妖镜：

我自己在最初的实践过程中常常沮丧地发现自己是个无用的人——因为在一些特定的方面其实根本帮不上什么忙。作为投资人，如果帮不上什么忙，那就只剩下可怜的钱了——在早期项目投资里，钱本身是最不重要的因素，也是投资人所拥有的最不重

[1] Paypal黑帮：指参与创立多家著名科技公司的PayPal公司的创始人或员工。包括彼得·泰尔、里德·霍夫曼、陈士骏、埃隆·马斯克、马克斯·列夫琴、罗素·西蒙、戴维·萨克斯等，参与创建的公司包括Palantir Technologies、LinkedIn、YouTube、Tesla Motors、SpaceX、Solar City、Yelp、Geni及Yammer等。

要的资源。

给创业公司的产品带来有价值的流量？这很好，但我发现最初的时候根本做不到啊！转发条微博不是不行，但：

- 不一定有针对性。
- 天天这么干自己还要掉粉呢——伤敌未知，自损确定。

给创业公司提供有价值的商业建议？这也听起来不错，但需要你建议的人，在你自己不是很强的情况下，往往比你还差……投资的诀窍就是要投中比自己强很多倍的人才行啊！

创业者的痛点常常体现在两处，招聘和融资。嗯，这好像不错！可操作起来就知道了，外人想在这两件事上帮上忙几乎是不可能的事情——这些事情基本上就相当于房事，必须当事人自己来，别人最好看都不要看到……

最终我找到了三个比较恰当的方式。

1.给创业公司介绍客户

这谁都喜欢。并且是真实的价值。通过你帮上忙之后对方的反馈，甚至可以判断对方的为人处世的方式。更为重要的是，这为我提供了一个判断标准：如果这家公司的产品或者服务确实好，我给他介绍客户会很容易，如果介绍了客户都保不住，本质上说明这产品或服务确实不太好。

2.组局组局再组局

我把大量的时间花在组局请朋友们吃饭闲聊上。把那些我认为有意思的、有想法的人放在一起——谁知道会发生什么呢？各种意外的好运会自然而然地降临。这些时间的质量其实只取决于我自身的能力和判断，是否浪费都无怨无悔。

3. 自己拼命进步

项目源的数量和质量最重要，为了提高数量和质量，只有一个办法是靠谱的：自己拼命进步。我能结识很多靠谱的创始人，并且能长期保持交往的重要原因在于大家都觉得刻意腾出一个时间跟我一块儿吃个饭扯扯闲篇，不仅有意思，而且常常有意外收获，并且发现大家在共同进步，这其实是一件特别容易上瘾的事情，不是吗？

当然，还有另外一个诀窍：事先声明自己并不一定能帮上忙，但一定尽力。

没有人不讨厌那种整天拍胸脯不干实事儿的人，你也很讨厌那种人对吧？那自己就不要成为那种人。说清楚自己不一定能帮上忙，这不仅不丢人，更是一种建立信誉的正确方式。

另外，很多业余投资人喜欢参与决策，这是无知的表现——你行你上啊！

创业是复杂的、创业是艰辛的、创业是非常规的，创业是当事人的拼搏。帮不上忙其实并不可怕，可怕的是帮倒忙，添乱还不自知。

作为投资者，如果帮不上忙，就什么都别做，做个静默的投资者可能是最佳策略。

10 “不熟不投”对不对

我个人认为这不仅是对的，对个人投资者或者业余投资者来说，这是颇具洞见的原则。

有些创始人可以一路只靠自己走向成功，这很厉害，也很令人敬佩。而一旦创始人需要投资，而你想成为他的投资人，你就必须关注他的人品、他的价值观。

如果对方不是熟人，人品也好价值观也罢，其实是很难判断的——因为这些都是很底层的东西，不到关键时刻真的显现不出来。而要预测对方在关键时刻的反应，只能通过长期耐心的观察。

“不熟不投”这个原则，其实需要实力才能够付诸实践。

你的熟人里要有足够多的、足够靠谱的人值得投资，且他们愿意接受你的投资。

大多数业余投资者身边的人并不足够多，也不足够优秀、靠谱……更为关键的是，大多数业余投资人并没有像雷军那样的领袖地位，所以，即便想“凑份子”也不见得有机会。

投资圈可能是世界上两极分化最严重的圈子——强者愈强，弱者愈弱——根本原因就在于此。

早期项目股权投资，其实常常并没有所谓的尽职调查（Due Diligence），因为其实没有什么数据可看。于是，大多数的衡量和判断都集中在创始人的品质上。

一个不得已的办法是想办法调动二度人脉去了解——这很花时间，却也是个无法省去的环节。连这个都不做，那所谓的投资就真的变成纯粹的赌博了。

自己做功课的时候，有几个需要注意的点：

1. 来自二度人脉的观察已经非常模糊但还不得不用，而来自三度人脉的观察则完全没有意义。

2. 向二度人脉求助的时候，不要让对方帮你作判断，尽量让对方多讲“事实”（facts），而非“看法”（opinions）。如何判断某个陈述是事实抑或是看法，那就是你的基本素养了。

记住，这些都只是辅助，无法构成最终判断。你还是得跟当事人有足够深入的交流之后再作最终的判断。

网络时代，每个人都在网上留有大量的痕迹，作为投资人，当然要想办法去留意。每个人看重的品质不同，所以很难有太多的普适建议，但有一条值得注意：

- 不要投资那些喜欢吵架的人。

他们很麻烦，不值得为了那点可能的收益给自己找那些麻烦。

这有点像什么呢？那些在与前任分手之后公开历数前任种种不是的，常常自己并不是什么好东西——因为他们必须通过这样的手段才能证明自己是个好东西。这种人不大可能专心做事的，他们更在乎的是如何掩饰……

这里最大的陷阱是，业余投资人常常害怕“错过机会”而“一咬牙就投了”——结局通常不会好。

其实，有个朴素的建议，无论在哪里都永远适用：

- 不是我的，我就不要了总可以吧。

多观察，你就会发现这么简单的事儿很少有人做到。刚开始你会以为这是因为人们贪，后来你会认为这是因为人们怕，最终你会明白其实只不过是因为绝大多数人傻，想不明白而已。

另外一个比较靠谱的与人脉无关的投资方式是参与股权众筹。不过，现在国内外的股权众筹平台，都缺乏一个创始人的“推荐人”制度——就好像申请名校、或者申请某个重要职位的时候，申请者要提交靠谱推荐人的推荐信一样。推荐人是要冒一定的名誉风险的，这种制度虽然不能提供决定性的依据，但实际上却有相当的重要性。我相信总有一天，所有平台或者社区都会想办法提供这种制度约束——这是风控的重要需求。

自己的钱和别人的钱有什么不同 11

一个多少会让大多数人奇怪的事实是：

- 大多数职业投资人投出去的通常是别人的钱，而业余投资人投出去的通常是自己的钱。

钱这个东西，会因为两个属性而产生巨大的差异：

- 金额。
- 时间。

金额很大的钱，会产生很大的权利，金额很小的钱，没有权利。一个人拥有十个亿，伴随着这样巨大的金额，此人和他的财产会拥有一定经济上的权利；而一亿个人每人拥有十元钱，他们每人拥有的金额太少，所以他们和他们各自的十元钱都没有什么经济上的权利。

另外一个让金钱产生权利差异的是时间——即，这样一笔钱究竟可以多长时间不动。一笔可以长达七八年时间不动也无所谓的十亿资金，当然在经济上比几天之内就必须流动的十元钱权利大许多倍。

地上的钱权利很小，所以，最终顶多去银行买些理财产品。天上的钱权利很大，于是它们可做很多事情，比如，可以垄断地球上最聪明的人为它们打工——它们出钱做LP[1]，让聪明人拿20%的盈利做GP[2]，帮它们管理巨额资产——我们看到的风险投资机构，本质上就是如此。

这是现状：

这些聪明人拿着别人的钱去投资，赔了，最多是改行；赚了自己就有百分之二十的收益…… 其实这些GP自己也是出钱的，比如自己出一百万，融来一个亿，一百倍的百分之二十，于是，他们相当于做出来一个二十倍的杠杆去创业，最多赔个一百万——可事实上，由于他们确实聪明，几乎个个都为基金跑出百分之三十以上的年化收益率……

我虽然也是个业余投资人，但从一开始就用了相对专业的做法：自己也募了一个小型的基金，由于尽量按着专业的方式去做，即便是不专业如最初的我，也没有发生太大的问题。

大多数业余投资人并不懂这些，他们实实在在地拿出自己的辛苦钱去投资。又由于金额上不够大，时间上等不久，于是最关

---

[1] LP：Limited Partner，有限责任合伙人，指出资者。

[2] GP：General Partner，一般合伙人，指管理者。

键的东西常常被影响——心态。

投出去的是自己的钱，和投出去的大部分是别人的钱，是两种完全不同的心态。这真是个悖论：为别人管钱的人更聪明、更职业，效率更高。但这其中的道理细想想还是很好理解的。

再高明的赌徒，在赌注大到一定程度的时候，心态都会发生变化，最终表现可能会变得很差。这不是仅靠聪明就可以控制的，这甚至超出“心理素质”的范围，这是人类多年进化出来的一种本能——事实上是为了通过害怕保护自己不去做控制不了的太大风险的事情。

投资人最大的敌人，不是别的，是自己的心态。业余投资人因为用的全是自己的钱，并且总资产本身就不多，于是输不起、等不起，是常态；甚至很多业余投资人最终都会出现赢不起的状态。什么叫赢不起呢？就是看到自己已经有了十倍的收益，然后开始害怕这些收益化为乌有，于是急于套现，于是最终错过了明星项目后面的成千上百倍收益……这其实是非常常见的。

众筹平台正在渐渐改善业余投资人的投资环境，进一步缓解业余投资人心态波动的问题。本质上来看，在众筹平台上，众多业余投资者们构成了一个形式松散的基金。众筹平台允许单个投资人小额投资并由多个投资人拼凑出一个数量不菲的投资额的同时，相当于延长了单个投资人对资金长时间无流通性的耐受程度。

众筹平台真正解决的问题，并不像大多数人想当然的那样是“降低了风险”，事实上，恰恰相反，因为在众筹平台上投资者常常投资的是陌生人，所以早期项目股权投资的风险更大才对。但，这样的平台让业余投资人有机会像专业投资人一样思考，一样决策——这才是最重要的意义。

实际情况是，绝大多数早期项目根本没有退出机制。这个意外的现象一般是两个原因造成的。

大多数早期项目的创业者并无创业经验，更无融资经验；而大多数投资早期项目的业余投资人也没有经验，通常都是“以后再说罢”这种类型……

项目自然而然地死了。

第二种情况其实比看起来的普遍——因为绝大多数投资人对自己的失败案例通常是绝口不提的，于是，失败的项目一如既往地多，却很少被爆出。

保罗·格雷厄姆的观察是，创业公司通常会死掉，要么是钱不够了，要么是某个联合创始人离开了……史蒂夫·霍根[1]的观察是，首先，单个创始人很难成功，其次，产品被证明是基于伪需求是最大的失败原因——至于钱不够了，通常只是表面现象，实际原因只不过是乱花钱或产品太差（乃至于融不到下一轮）之类的。

在这种情况下，投资人有没有办法更好地保护自己呢?

职业投资人或投资机构的做法通常是：自己选择好赛道之后，在此赛道里投很多个项目，甚至同类项目也不放过。

职业投资人或投资机构还有另外一个常见手段：在找到下一个买家之前，根本就不投（通常这是绝口不提的事情）。

---

[1] 史蒂夫·霍根：Steve Hogan，他创立的Tech-RX专门拯救有问题的初创企业。

业余投资者通常无法采用这些方式：选择赛道的能力有限——最多是研究一下职业机构目前正在关注的赛道有哪些（可实际上专业机构通常都是在布局完成之后才公开自己的选择）；项目源不够广泛，甚至只能接触到自己当前看得到的那个项目；资金量上不允许；投资者关系远远不足……

另外，很多业余投资人根本不知道，作为早期投资者，想要退出可能需要等上好几轮。因为这种靠风险投资驱动的企业，融资不是为了购买老股——后来的投资者最不喜欢这点，因为新近的融资是用来扩张的。而新融资进来之后，估值虽然上涨了，但实际可支配的现金其实并没有那么多，全都用来购买老股都可能不够用——因为老股就算被稀释了，价格也上涨了很多倍。另外一些情况下，老股可能是被迫套现，因为后来的大鳄不想带老股东玩了……

于是，对业余投资者来说，可能的可行方式是：签署可转债协议。

项目成功了，这些投资转成股份；项目失败了，这些投资转成无息贷款，有钱再还。一般来说，这是不得已的办法——因为在这种投资设定里，要求创业者拿出抵押物并不现实，而无抵押的债券，通常没有赎回保障。所以，这种可转债的协议中，一般也不设年限，也无利息设置（在PE投资中，通常会设置一个比银行利率高一些的利率，比如年化收益率10%之类的）——反正只能看创始人的人品。

可是一般业余投资人对这样的保护办法常常感到“羞于启齿”——当然，这也恰恰是“业余”的表现。

对自己不够自信的创始人常常也讨厌这种方式，因为在他们眼里，“拿别人的钱去冒险”是天经地义的。

说来也怪，你不看好的时候，大家都不看好，一旦你看好的时候，很多人都会看好。于是市场上会有大量的投资人与你竞争，你要求签署可转债条款，会削弱你的优势……

这就是艰难的选择。

对目前国内的众筹平台上的投资者来说，风控手段尚不完整。其中的一个表现就是根本看不到哪个早期项目是签署可转债条款的——美其名曰“对创业者友好”，其实根本就是无知者无畏。

12 最扯和最不扯的是什么

之前提到过擅长闲聊是投资人的基本素质，然而胡扯却是另外一回事儿。胡扯呢，也不是不能忍，不能忍的是扯着扯着自己都相信了……

最扯的都是什么？

No.1 情怀

投资不讲情怀，只有输赢。就算赢了，还可能有不光彩的赢；可是如若输了，有没有情怀都是输了——没有虽败犹荣那一说。就这样。投资人可以有情怀，可以有理想，但那不是资本，也不是资源。在商业环境、商业模式面前，情怀只是毫无意义的东西。最扯的就是把自己的投资行为套上情怀的迷彩去忽悠创业者——能被这么扯的事儿忽悠住的创业者实际上也活该输。

No.2 自大

投资其实是件很苦很累的活，只是很少有人相信而已。在优秀的创业者面前，投资人其实是弱势群体——反过来，钱也是投资人手里价值最低的资源。说来也怪，投资经理常常只不过是买手而已（按照现在的风险投资基金机构的结构，真正有价值的是那些分析员——当然他们在内部恰恰也是最不受待见的），却代入感极强，好像那些钱都是自己的……

No.3 吹牛

投资人最常挂在嘴边的话就是“我有的是资源”——大多数情况下，这真的很扯。不是人家跟你吃了顿饭，就成了你的资源；不是你认识个某大佬，那大佬就是你的资源；不是你知道哪里有流量，那些流量就自由供你使用……话说大楼确实是砖头盖的——但再多的砖头堆在那里也不可能自动就构成大楼啊！

No.4 指导

虽然不应该一棒子打死，“创业导师”里面至少有99%是滥竽充数的。如何判断哪些导师其实是不中用的呢？方法很简单，凡是那些作居高临下状的就都是了。拳王泰森也有教练，但那教练明确地知道自己是打不过泰森的，他作为教练要做的是观察观察再观察，然后通过建议，校正泰森的一些动作模式——主要是根据泰森自身的优势和弱势出发提出建议，而不是“按照我的经验，你应该……”

从另外一个角度来看，创业者真正要多花时间研究的，其实是自己和自己的失误；研究别人用处真的不大——尤其是在一个成王败寇的逻辑世界里面。

No.5质疑

投资人其实真的没必要去质疑创始人的行为——因为一旦需要质疑，就只能说明你最初在投资之前做功课的时候某一方面判断失误了。需要质疑的，其实是自己，最初的自己。如若发现自己错了，需要校正的是未来的投资行为，而不是“悔棋”。投资人相对创业者不同的地方在于，创业者常常只能做一件事情，投资人却从一开始就要选择赛道之后大面积撒网。业余投资人不懂这些，常常指望着一两个项目大获成功——那么余生就只能生活在质疑当中了。

最不扯的是什么？圈子！

圈子总会形成，混迹其中总是可以获得很多相对优势，乃至于混圈子是这个行业的常态。但是，大多数人的混圈子行为本质上也是很扯的事情。

人与人之间总会形成一定的关系。个体与个体之间，要么是上下关系，要么是对等关系——而后者并不常见，但价值产生常常源自于对等关系——对等关系，混是混不出来的，配得上才行。

也许是基因决定的，绝大多数人把其他人分为两种：自己人和外人。于是，圈子必然产生。

多人之间形成一个小圈子的时候，大多数情况下是个中心化的圈子，位于中心的那个节点是整个圈子的缔造者，最终他才是真正的受益者，其他节点未必。

这世界很少有真正封闭的圈子，每个圈子或多或少都与其他的圈子有至少一个连接者（Connector/Broker）。

有些事实需要注意：

· 大的节点与大的节点之间常常会、也更容易自发地形成一个“超级圈子”。

· 需要努力才能混进一个圈子往往说明个人能力一开始比较差而已。

· 边际节点影响力可以忽略不计。

而在信息传递的过程中：

· 信息一般只在圈子内传播，传出去很难。

· 大多数人主要生活在某一个特定的圈子，于是在那里反复听到看到的是同样的信息。

于是，在一个封闭的圈子里，中心节点其实最可能的结局是作茧自缚，并不一定是好事儿：

· 在实际的世界里，多个圈子的连接者才是那些常常引发变革的节点。

· 对投资人来说，最不扯的事儿就是因为职业和身份的关系，最可能成为——如若不失败也必然会成为——多个圈子之间的连接者。

基于这样的特殊位置，投资人常常可以有多于常人的信息广度和深度——因为他们往往直接接触到很多圈子的核心；因为他们从更多的圈子里获取信息，并且他们虽然不是第一个知道的，却也是第一个把某个圈子里的重要信息“送达且翻译”给其他圈子的；而不足够深入了解就不可能翻译明白……

所以，混圈子和混圈子之间可能有很大的差别，扯与不扯基本上只是一线之隔。

Part 8

学习学习再学习

——最好的投资方式是学习

要学习如何学习才能够更好地学习。活到老学到老，只不过是一种生活方式而已。

1 公平永远是奢侈品

广泛流传的是这样一句话：

人生而平等。

这句过分简化、断章取义的话，被很多人错误理解、片面理解，不知道坑了多少人。

在联合国的世界人权声明中，确实有一句类似的话：

人生而自由，且在尊严和权利面前平等。

也许作为人，最重要、最基本的能力，是一个人的阅读能力——它甚至优先于思考能力，因为要有足够的输入才有思考的材料。断章取义、望文生义，从来都是因为阅读能力不够。

人生而自由好像没问题，可它不也是争取来的吗？那不是天然的。事实上，在人权方面、在尊严方面追求人人平等，也不是天然的啊！这是受过教育、不再愚昧的人们致力追求的东西：不争取，无平等。

在任何其他方面，人与人之间从来都不是平等的。长相有美丑之分，智力有高低不同，体力有强弱差异，运气有好坏之别……怎么可能平等呢？

随着时间的推移，差别会越来越大。

单从一个方面举例：人们之间的阅读量差异有多大，人们真的知道吗？

某种意义上，每读一本好书，习得多个重要概念，都是一次或者多次的“脑系统升级”。懂得“样本偏差”和不懂这个概念的人不会在同一个水准；懂得“双盲测试”和不懂这个概念的人选择能力不可能相同；懂得“举证责任”和不懂这个概念的人甚至可能连信仰都可能水火不容（如前言所述）……

一个有良好阅读习惯的人，每年至少读十本好书（其实我身边很多牛人阅读量远比这个大得多）；那么，从他高中十五岁开始，一直到三十岁，十五年间，就会至少有150本书的阅读量，脑子里可能比别人多了1000+个重要概念，有什么理由认为此人与那些不学无术的人是平等的呢？

另外一方面，有更多的人，不懂得如何优化自己的阅读，不知道如何挑选真知识，于是阅读量越大，脑子越乱——满脑子都是“上火”“白羊座”“阴阳相克”“吃什么补什么”……有什么理由认为这样的人和另外一些受过严格的科学训练的人是平等的呢？

只不过这些差异不会写在脸上，不会有什么智能设备像统计人们每天走了多少步一样允许人们共享（晒），所以根本看不出来。

人与人之间的绝对平等几乎不可能。人与人之间在相互欣赏的时候，其实更多是用宽容与理解去抹平差异。

至于更高层次的“公平”，向来都是需要争取的，不是默认就在那里，触手可及的。

认清这点很重要，这是进步的前提，也是淡定的基础——因为生活就是不公平。

有个基础常识：

- 在阅读的时候要分清楚内容究竟属于事实（Facts）还是看法（Opinions）。

这原本应该是中学生已经具备的基本素质，但实际上，基于种种原因，大多数成年人也一样做不到。

教育学家们常常奇怪，为啥这么简单的东西教了那么多年，反复教了那么多次，就是教不明白呢？心理学家们的解释比较简单：

- 人们就是喜欢走捷径。

于是，专家、权威说的，就是对的。甚至干脆走到这样的极端：“电视上都说了！”

可实际上，更深层次的原因在于：

- 每个人对事实的接受不一样。

从接受自身所处的现实环境开始就已经出现了各种扭曲。比如，大多数人认为自己的相貌、受欢迎程度超出平均水平——仅这么一个小环节可见有多少人对事实的接受都出现了或多或少的扭曲。

在这个根基上出了问题之后，再叠加上一个普遍的倾向：

人们总是有选择地过滤外界信息——即人们常常只能看到自己想看到的，只能听到自己想听到的。

于是，连最基础的阅读技能都终身难以把握——且绝对不相信自己就是没有把握。

反过来，少数清醒者就有足够的动力去利用这些普遍的弱点（或干脆可以称为“缺陷”）了——一旦他们发现这样可以获得的好处非常多的时候。

最常见的办法就是：

- 夹带私货。

至于夹带的私货究竟是什么，真的是千奇百怪。破解的方法倒也简单：

- 他这么说想要达到的目的是什么？

说来也奇怪，阅读能力整体上并不强的国人在这方面的能力在一个领域里畸形地强：分析领导的话。强到什么地步呢？强到可以完全无视逻辑存在地揣摩揣摩再揣摩，甚至可以获得脑高潮的地步。有兴趣可以去百度一下“为什么左手敬军礼”。

在创投领域里，夹带私货的情况普遍到“不夹带私货的文章几乎没有”的地步。

常见的融资额虚报，其实就是扭曲事实，夹带的私货是，投资人虚张声势、创业者虚张声势，然后一起忽悠接盘者，也天真地认为这样可以吓唬一下竞争对手——更逗的是，竟然还真有人被吓死……

仔细看看投资寒冬论，也有一些是夹带私货严重的——他们那么说可能要达到的目的是什么呢？事实上，只不过是又一个经济周期而已。寒冬了，难道就此世界就坏掉了吗？历来都不是啊！每次的低谷，都伴随着下一个高点的起步，历史上就是这样的，将来亦如是。

另外一个常见的办法是：

- 干脆胡说八道，越邪门信的人越多——反正他们没脑子！

都懒得举例子了，读者自己找找胡说八道被广泛流传的例子好了，这个过程也是练脑子的过程罢。

其实，不被误导的最根本在于：

- 不怕枯燥。

事实常常就是枯燥的，而数据（事实的集合）更为枯燥。可偏偏人们喜欢故事；段子手就是最受欢迎的……于是，夹带私货最有效的方法就是编段子，传播起来还快。段子可以变成故事，故事可以变成轶事，轶事可以变成传说，传说最终被大多数人当作事实处理。

所以，娱乐必须适当，而娱乐至死，是另外一个人群喜欢做的事情。

2 谁说路人甲就不能有梦想了

我觉得批评“万众创业”的文章很讨厌，跟哀号“资本寒冬”的文章一样令人厌烦——我就是这么觉得的。

尔冬升的《我是路人甲》虽然票房上没火爆起来，甚至很差，但我很喜欢这部片子，超级喜欢。片子里有一段惊艳的舞蹈，是个业余演员，但跳得很美。

看着那些“横漂”，慢慢就会联想到“北漂”；再看看，就想起来现在的“万众创业”。而关于万众创业，好像有很多人不喜欢。这些人大抵上也是那些“鸡汤憎恨者”，他们不相信“只要努力就会成功”，更不相信“想要成功，你必须相信自己真的会成功”，甚至，他们讨厌“成功”这个词，一提起来就觉得恶心……我觉得这是病，原本得治；不过爱治不治——恰好这种人通常也认为别人管不着他们——虽然他们其实自己倒是挺喜欢管别人。

可实际上呢？每个人都有自己的喜好、取向，也有自己的现状，所以，每个人的成功都不一样，每个人都有放弃追求的权利——可是，是否选择追求、是否选择放弃、是否坚持下去，明显应该是私人的决定。

你自己不追求、你自己放弃、你自己不坚持，这些都碍不着谁。但，若是你觉得有所追求的人是傻瓜、不放弃的人是傻瓜、坚持的人是傻瓜，我可以明确地认定，你就是个傻瓜。

所谓的建议有两种：

- 建设性建议。
- 毁灭性建议。

其实呢，人没必要一定要给别人什么建议，因为给建议的人通常并不为结果埋单的。所以，一个正常独立的人，其实常常并不需要别人的建议，因为那没用，因为最终的结果是只能由自己埋单的，所谓的“后果自负”。

所以呢，一定要给别人建议的时候，就不应该给“毁灭性建议”，因为所有人需要的都是“建设性建议”。一定要接受别人建议的时候，也不需要“毁灭性建议”。不是吗？

最近的一年里，看了很多反对“万众创业”的文章，几乎没有一篇给出“建设性建议”，所以，毫不客气地讲，那些文章的作者就是傻瓜——起码在这件事儿上。

万众创业怎么啦？路人甲就不能有理想了吗？路人甲的理想就不是理想了吗？路人甲没有实现的理想用得着你去惋惜吗？

最为关键的是，那些看起来很可怜的路人甲，哪怕他们最终失败，需要你承担哪怕五毛钱的责任吗？你有那个情操、情怀站出来帮助他们哪怕一点点吗？答案是，没有。那还用得着你操半毛钱的心吗？

对不起，我有点激动……一会儿再说我为啥会激动。

一个不那么正能量的数据是这样的：

- 一个国家越落后，创业者数量越多。

这虽然有点违背直觉，但确实是事实。不信就自己查数据去。

但这并不意味着说我们就要反对万众创业。没有救世主，就要自谋生路。冷冰冰，却又真真切切。更多的时候，我看到的反对万众创业的人大抵上是“被主子抛弃了的奴才阵痛地哀号”，却又要搞出一副“我其实是为了你好”的态度，真是扭曲得不要不要的。

尔冬升的这部片子多少会让我想起十年前的一部电影，顾长卫的《孔雀》。但尔冬升的这一部却给我更多的感动。《孔雀》里，充满了导演对一个注定不得志的人展现出来的怜悯和同情——这其实是一种矫情，人家用不着你这东西。

尔冬升的角度不一样，他不作这个评判，他只是尽量平静地记录那些辛酸，记录那些无奈，没有同情和怜悯，有的却是一丝看似不经意的鼓励。尔冬升找来“一个非常出名的舞蹈老师”，十个月时间，是这样训练一位业余演员的：

这不是看起来的那样不经意，甚至可以说是处心积虑吧。尔冬升用一年左右的时间真真切切地改变了这个女孩。你可以理解为这只不过是电影拍摄的需求，可我却宁愿只看到朴实的情怀。

现在我可以说说为什么我刚才会那么激动了。

· 因为我就是路人甲。

我出生在农村，幸好父母都是知识分子，所以还不算笨。走入社会的时候，没有名校文凭，甚至没有一技之长。卖过盗版光盘，做过硬件批发——在电子市场混过的人都知道这其实是个非常low的生意，当年应聘新东方的时候，被招聘的家伙看过手相，问过血型（出门之后真的差点找棵树撞死）……

我很清楚如果自己运气不足够好的话——努力和坚持真的不算资本，因为那本来就是应该的——在任何一个环节上都可能被甩到另外一个轨道上。也许是因为我有太多类似的刻骨铭心之经历，才会在看这部电影的时候那么容易泪眼模糊。

这一路上，我见过太多爱说风凉话的家伙们，都一个德行：

· 他们害怕别人真的成功。他们甚至害怕别人有成功的可能。

我真不知道成功究竟是什么，因为长期来看，所有人都是会死的——于是尘归尘土归土，一切归为虚无。但我很庆幸这一路上没有被这样爱说风凉话的傻瓜们吓倒，也从来没觉得以后会与他们再见。可最终就像王朔说的那样，我成功了：

· 所谓成功，不就是赚点钱，然后让傻瓜们知道吗？

我以为或希望王朔只是在鄙视盲目追求钱财的人，如若他想的是我不愿意相信的那个思路，那我也一样会觉得在这一点上王朔也挺傻的。

我自己不幸做过七年的老师——苍天作证，我以前是憎恨几乎所有我遇到过的老师的。但教书的那些年的经历告诉我，绝大多数人，差的其实只是一个机会和一点点的训练——如若他真的有一颗不甘的心。恰当的机会、恰当的训练，是可能让一个人脱胎换骨的，我把这个叫作“重生”——以前我的博客名字叫“Reborn”，后来改成“Reborn Again”，再后来改成“Reborn Again and Again”……

后来又读了几篇影评，有所感慨；而后又在网上看到那段训练视频，我在心里默默地站起来，向尔冬升鞠了一躬。

顺带说，《要你的祝福》，写得其实不错：

午夜的温度慢慢起舞，
穿梭的人潮有些荒芜，
开始欢呼，
开始麻木，
谁被谁在安抚。

落单的幸福变得模糊，
孤单的城市独自起舞，
也许满足，
也许糊涂，
该向谁去倾诉？

我们再也回不到当初，
其实心里比谁都清楚，

宁愿相信任性的舞步，
心甘情愿被现实绑住。

一再重复跌落在未知旅途，
走过的路让我们那么辛苦。
太多感触让回忆停住，
不想要被束缚，
不想要认输。

习惯了一直付出，
手心的顽固是看不见的孤独，
不想退出平庸的落幕，
那所谓的领悟，
我想走好每一步，
靠自己看清楚。

梦的翅膀早已被俘虏，
是每个人必经的道路，
开始活得庸庸碌碌，
不想懂，不想哭。

我们再也回不到当初。
其实心里比谁都清楚，

宁愿相信任性的舞步，
心甘情愿被现实放逐。

有爱祝福就开始拼命放追逐，
梦想的路让人停不下脚步，
义无反顾才铭心刻骨，
心跳开始倒数，
该我的幸福。

学会了努力追逐，
没有了拥抱别以为我不在乎，
也许分离是一种礼物，
包裹所有痛楚，
我想走好每一步，
靠自己看清楚。

3 如何优雅地对待非议

非议这东西，你见或不见，你理或不理，你在意或者不在意，反正它就在那里，不离不弃。

印象中第一次听到他人对我的非议时，我还处在青春期，对世间百态还无法很好地予以理解，所以，跟绝大多数人一样，正经觉得生不如死了好一段时间。想想吧，你以为是最好的朋友的那个人，在与你相互交心交肺的同时，竟然在你背后对你各种诬陷，各种插刀，各种无中生有，年少不经事的你会是怎样的反应？根本不是流泪，而是呕吐，吐到晕。

第一次观念巨变发生在初中快毕业的时候。那时候遇到了个高人——现在回头想想他其实也没多高明，只不过是比我大几岁，又江湖经验丰富，点拨了些许窍门而已。而我因此从一个常年挨欺负的瘦小的小屁孩儿乎一夜之间变成了一个骁勇善战的家伙——其实，窍门也很简单：

· 你怕，他们也怕，只不过，你可以用各种方式让他们绝对看不出来……

原来，所谓的“超常的应急反应”其实是可以提前通过各种假想和预演反复练习的……地位变了，格局就变了。很快就发现所谓的非议，是用来欺负弱者的——那些混蛋们根本不敢对明显的强者有所非议，因为他们知道随后的报复可不是闹着玩的。

于是，我领悟了人生第一个重要道理：

· 善恶其实是次要的。所谓“人人心里有杆秤”——那秤称的其实是强弱。

于是，我想明白另外一件事情：如果你确信那非议是完全没道理的，那么一定是你某一处（哪怕你暂时想不出到底是哪一处）弱了，乃至于那些人竟然以为“哪怕错怪了你其实也无所谓”，或者他们想着“让你丫牛气”，然后要借此把你变成弱者。

于是，面对非议的时候，真正要解决的问题不是去辩解，而是想办法让自己变得更强。

再反过来，面对非议你居然需要辩解的这个事实，从另外一个侧面暴露了另外一个事实：你就是不够强。

其实很容易理解那种受不了非议的心情：不在意吧，好像影响还很大；在意吧，又好像并没上升到法律保护层面，所以常常也没什么办法；觉得人家品德不好吧，可品德不佳的事实好像也并不影响那些人继续生活，而自己倒是三观尽毁；到最后常常痛恨自己不聪明，想不出怎么才能做出那么低劣的事情而又不被发现——全然忘了自己竟然正在努力成为自己讨厌的那种人……

可事实上，如果你有过“调解”非议双方的经验，你就会发现，十有八九，两边都不太说得过去……因为弱者的逻辑都一样，奇葩而又自我。

其实，谁没有缺点呢？谁能千人喜万人爱无人去错怪呢？有句戏谑的话说：“我又不是人民币，怎么可能谁都喜欢？”——还真挺深刻的。

非议太大，说明你自己终究是哪里处理得不够妥当；非议没那么大，花费时间在辩解上其实是很不值得的，有那时间精力还不如干点真正有用的事情。

于是，我又养成了另外一个习惯：自己错了，就承认，并且想办法承担后果——我觉得大丈夫就应该这样。而别人错了，承认与承担都是别人的事情，用不着我去操心；如果那错造成了我的损失，可也无法上升到法律保护高度，那我就懒得追究——因为我自认自己的时间精力更为宝贵，不应该浪费在这样的地方，甚至连生气的必要都没有，大好的人生在等着自己，哪里有工夫理会那些。

于是，还没高中毕业，我就成了一个用不着吹牛，可就是境界高于大多数人的家伙——有能力优雅地面对非议。

顺带想起一部烂片，《赌侠1999》，许多年后的影帝张家辉当时还是个小配角，在那部片里饰演一个名叫“化骨龙”的滥赌警察，一直挨欺负，后来竟然草根逆袭，暴打那个曾经欺负他的家伙，那一段特搞笑，他边打边骂，历数自己的委屈：

整天欺负我……害得我看到你就掉头跑……大庭广众下让我青蛙跳……射龙门还骗了我一万块……

挨打的突然很委屈：

没有啊……没有骗你一万块……

咸鱼翻身的化骨龙一脸狰狞：

我不能冤枉你啊？蠢货！有没有这个资格？有！是吧？
（又是狠狠的一拳）

4 别逗了，高风险就高收益吗

当有人鼓励你冒险的时候，一定要小心——因为这世界不是那么运转的。

千万不要以为“敢于冒险”是勇敢的表现，实际上，大多数人的“冒险”常常只不过是思考不完善引发的行动。

“高风险高收益”其实是一种普遍的误解。风险与收益，从来都没有明确的线性关联——尽管有些时候看起来如此。

深入思考所谓“成功的冒险”，就会发现，那些冒险成功的人，其实对他们来说，做那事情更可能并没有什么“险”——这就好像外科医生做开颅手术一样，他们知道该做什么、怎么做，他们手中正在做的事情，交给别人做是很危险的，但他们不是别人，他们是受过训练的、具备长期实践经验的专家，所以，就算危险，对他们来说，也相对没那么危险。

我在价格很低的时候买入了大量的比特币，后来大涨也没卖，再后来大跌也没卖…… 于是就有人说了：“笑来，你真大胆！”还跟别人感叹：“唉，做大事的人就要敢于去承担极大的风险……”

真的吗？

“价格很低”，是指相对于当前的价格。我买的第一批两千一百个比特币均价六美元，现在两百多美元（曾经涨到过一千多美元，又经过两三次“腰斩”）…… 其实那个时候人们同样认为“已经太贵了，赚不到钱了……”可实际上于我来说，在这样的时候购买，并不是冒险，因为：

- 如果它竟然是对的，那么它一定不止这个价格。
- 我只不过是把最初花费四千六百元人民币的股票在其已经价值十几万美元的时候卖掉之后开始买入比特币——所以，即便都化为乌有，我也没什么不能承受的。

我从十几美元一路下跌的时候反复卖出买入，最后均价一美元左右，直到预算花完，实在没钱再买了——这个过程中，从我的角度，我并没有冒险。当我看到人们恐慌，觉得“比特币已死”的时候（那是2011年下半年），反复阅读各路报道和文章，没有看到任何站得住脚的理由，于是当时我认为他们是错的（即便他们人多势众，但人多和理正从来都没有半毛钱关系）。于是，按照我的思考结果，我就应该持续买入……当时的情形反差很大，那些通过场外交易把比特币按照从今天来看过于低价卖给我的人，一方面对我说“谢谢”——因为竟然有人真花钱卖这东西，另一方面夸我“勇气可嘉”——因为他们其实当时在心里暗自庆幸，自己终于解脱了……

创业说

真的一条都没有……这很奇怪，也多少令我迷惑；而到了2014年，大涨过后腰斩，网络上的文章再次完全重复2011年年底的论调——当然，他们确实不是剽窃文章，只是没了解过历史。

再后来，比特币价格涨到一千多美元，甚至一度超过了每盎司黄金的价格，这个上涨过程发生在短短的六周内。我没卖，再后来两三次腰斩，我也不动。这真的是勇气吗？这真的是在冒险吗？其实对我来说不是，理由很清楚：离我的成本价还有很远很远呢，对我来说，哪里有什么风险？

所以，与很多人想象的全然不同，我其实是属于风险厌恶型的，小时候不是这样的，常常以为冒险是证明勇气，后来读书读多了，历史看明白了才知道，冒险常常是他人对冒险者的理解，而不是所谓“冒险”成功的人的行动。

哥伦布之所以被人们称为冒险家，是因为只有他真的坚信地球确实是圆的——当时真正能理解这事儿的人还不多——而且坚信到愿意用行动去证明，用努力去追求的地步。看的人，觉得那是冒险，做的人是因为深入思考之后不得不做——因为思考越深入的人越倾向于坚定地遵循思考结果。

再后来，我开始做天使投资，震惊于人们的误解。“风险投资”其实只不过是一种投资模型的名字，这种模型的设计目标是为了避险。经常看到一些天使投资人“没有风险我不投”，也更经常看到创业者“没有风险我干吗要你的投资？”——我只能叹服于他们望文生义的能力。

巴菲特显然是厌恶风险的。索罗斯呢？完全是另外一个风格，但我不相信他是喜欢风险的——因为喜欢风险本身就是风险，而且是把夭折的概率提高到几乎100%的风险。索罗斯做对冲、做量化交易，在别人看来是投机，在他看来可能是深思熟虑。

这是不变的生存法则，开车如是，生活亦如是，投资、创业均如是——甚至小朋友打架都如是：

- 安全第一。

而后才是下一条原则：

- 成为专家。

锤炼自己的学习能力，需要什么就学习什么，成为那个领域的专家，然后像专家一样思考、决策、行动。专家轻易不冒险——虽然电影里、小说里经常大肆渲染他们如何在关键时刻“冒险”，因为那是大众娱乐事业，不那么描写的话大众不相信。

创业说

所谓“学习学习再学习”，第一个“学习”是动词，第二个“学习”是名词，第三个“学习”是动词，这句话意思是说：“学习”本身是需要“学习”的，要学习如何学习才能够更好地学习。活到老学到老，只不过是一种生活方式而已。

别人也许会赞赏你的勇气，你却需要知道，“勇敢”从来都不应该是需要自我证明的东西——这真是跟整个社会唱反调，它教育我们要“勇敢”，却从来不告诉我们，那是它需要的，不是我们需要的。要知道，只有爱面子的那类人才需要证明自己的勇气，他们不懂的是，虽然一时的面子倒是保全了，可他们却早已因此成为时间碾压的对象。

所以一定要认真仔细地：

- 看傻瓜们冒险。

看多了，你的避险经验就丰富了。

最终的结论是这样的：

做事之前一定要想清楚。深入思考到你的结论已经和绝大多数人不一样；不仅不一样，并且还是逻辑正确的。这样的时候，你做出来的事情，别人会吓到，他们觉得你在冒险，你却知道实际上是怎么回事儿。

5 投资创新和未来

不管是职业投资人抑或业余投资人，都喜欢投资创新，都说要投资未来，可最终能成功做到的却寥寥无几——既然是投资，这里所谓的成功，不可以只是情怀上的成功，必须是那种在“成王败寇的世界里”不仅跑赢利率、还要跑赢大多数投资的成功。

彼得·泰尔有个著名的却也被广泛非议的言论：

“绝大多数科学家们不赚钱，或者说，干脆赚不到钱！”

为什么呢？因为绝大多数科学家尽管拥有创新能力，也能在一定程度上洞察未来，可偏偏他们最不擅长的是打造现实的商业模式。

商业模式究竟是什么？最简单明了的说法就是：赚钱的方法论。

最古老的商业模式有这么几种：

低买高卖——衍生的方法论是“奇货可居”。

雁过拔毛——赌场、港口、税务等等都是这种模式。

行政暴力——全球所有国家垄断的行业都是这种模式。

彼得·泰尔崇尚的商业模式是，通过非行政暴力手段，即通过技术与运营的结合，形成不一样的垄断：

· 在一个市场X里，牢牢占据一个很大的份额Y——Y/X的值越大越好，壁垒越稳固越好。

其衍生的方法论是：

· 避免竞争。

· 从一个很狭小的，别人看不上的领域开始。

· 对外声称自己说的是另外一件事情[1]。

于是，大多数科学家（抑或创新者）赚不到钱的理由也很明显：

他们喜欢参与竞争，但痛恨垄断——可垄断是最好的商业模式之一，不然历史上怎么会一直就有各种组织用各种暴力维护垄断呢？

· 他们看不上狭小的领域，他们更喜欢海阔天空的东西。

· 他们不会也不愿意伪装，做的是什么，就老老实实说什么，甚至都不会说。

· 于是，他们从来都没可能做到在某个领域里牢牢地占据一个怎样的份额……

如此看来，投资没有商业模式的创新、没有商业模式的未来是不明智的——虽然有钱任性也是一种生存模式。

---

[1] 更多细节，请自行阅读他的书籍：《从0到1》。

另外，彼得·泰尔说：餐馆、影视业，都是狗屎生意（shitty business），是早期项目投资者都应该认真思考的一个观点：

- 在这些领域里，确实不太可能有哪个项目可以产生巨大的持续增长，所以，无论它们现在看起来生意多好，都不符合风险投资模型。

成功地投资创新、投资未来，需要投资者在基本的商业模式思考之上，具备足够的思考未来的能力。最终，所有的成功投资者，都是卓越的“未来学家”——反过来不一定成立：未来学家绝大多数能做科幻小说作者，却不大可能投资成功。

首先，要注意的是：

- 先关注这个世界的未来，而不是“自己的未来”。

关注不同的焦点，带来的思考结果和质量会有天壤之别。不顾自己所身处的世界而去思考自己的未来，通常想出来的只能是“空中楼阁”，毫无根基。

如果可能，要思考的是这世界的未来，这个世界明天会发生什么，下个月可能会发生什么，明年更可能会发生什么样的变化…… 不用想十年二十年，如果你能主动想到三五年之后的变化，就已经是高手了，因为绝大多数人一生都不做这样的思考。

想想十五六岁之前在学校里许过的诸多愿望就知道了，多么一厢情愿。因为在那个年纪，根本不懂这世界是什么样的，即便现在依然不懂，总应该比那时候更懂一点，于是，我们的愿望常常会逐渐更倾向于“基于现实”。

但“基于现实”的愿望常常限制一个人的成长；而好的愿望，

可实现且有价值，就是因为它是“基于可预见的未来”的。

如果你确信几年后有什么事情更可能发生，再基于这个变化去想自己顺应这个变化能做什么，能得到什么。或者，做什么才能顺应这个变化，如何做才能更好地把握这个变化……

预测未来其实没想象的那么难。首先，关于未来的答案其实隐藏在历史之中。其次，所谓的预测，无非就是因为历史已经形成模式，于是明天更可能按照模式发生变化……这其实是小学生都会的，比如：

· 如果1，2，3，5，……那么下一个数字应该是什么？（3+5=8）

这其实也不是那么简单的事情：

· 如果1，2，3，……那么下一个数字应该是什么？可能是4，也可能是5……

但是，有时候真的很简单：

· 如果 1，2，3，5，8，……那么下一个数字应该是什么？基本上只能是13。

已知条件越多，准确预测越容易。

其实，即便人群中只有少数人真正思考未来，但在信息流动越来越快、越来越自由的今天，漫天飞舞的，都是对未来的预测。

移动时代来啦！

互联网金融正在崛起！

O2O已经成为趋势！

又应该如何思考这些预测呢？可能反过来想更有效率。

任何事情最终能够发生，通常都需要一个以上的条件。于是，当人们看到某个条件就得到结论的时候，你要认真思考的是：

- 有没有尚未成熟的充分必要条件？

互联网内容最初是文字，再后来多了图片，再后来应该是什么？顺其自然地很多人想到了视频。其实关于所谓的趋势，随处可以看到他人的思考，比如在视频方面，人们做了录播之后，马上就猜下一步的趋势可能是“直播”……可是，这些年来移动端视频应用就没有几个真做起来的，为什么？

带宽是限制条件。

3G来了，大家欢呼，最终发现做直播还是不够；4G来了，大家欢呼，最终还没证明这就够了……

再比如，LBS[1]出现了，很多人为之振奋，然而，在最初的几年里，基于LBS的各种创业最终都好像不大成功。手机服务网站FourSquare虽然融到很多钱，存活到今天，依然相当尴尬。为什么？

- 支付很可能是个限制条件。

在移动端出现一个完善的支付方案之前，LBS的种种愿景，其实很难实现。

历史上有无数这样的例子：

1998年被判死刑的“推送技术”（Push Technology），在15年

---

[1] LBS：全称Location Based Service，指通过电信移动运营商的无线电通讯网络或外部定位方式，获取移动终端用户的位置信息，在地理信息系统（GIS）平台的支持下，为用户提供相应服务的一种增值业务。

之后在移动端以“推送通知”（Push Notification）的形式真正火了起来。[1]同样是1998年，网络计算机（NetPC）的概念红透了天，无数的风险投资砸钱进去，化为乌有。[2]

后来云存储（Cloud）真来了，那也是十几年后了，而当年人们普遍认为的“硬盘会在个人端最终消失”并没有成真——因为硬盘的价格降到了几乎可以忽略不计的地步，与此同时，用户的消费能力却上升了不少，谁在乎省下那一点钱呢？

每天都要有意识地、主动地花费时间精力思考这些问题。这会慢慢变成一种习惯，直至熟能生巧、毫不费力。这个习惯会彻底改变一个人的行为模式，直至改变人生——因为一个人的生活毕竟是由行动构成的。

---

1. 参见：《科技世界》网站（《InfoWorld》），1998-1-26。
2. 参见：《电脑计算机》杂志（《PC Mag》），1998-3-24。

6 识己，更要识人

人是这个社会的最基本单位，你也是其中一个。这世界主要由形形色色的人构成，于是它就好像有生命、有灵魂一样，它总会对你有所反应。你所打交道的人群不同，你的世界就不同。最令人震惊的是，活在同一个物理世界里的人们，由于身处的朋友圈不同，就好像活在不同的平行空间里一样，他们也很难想象另外一个平行空间究竟是什么样的。

你能深交的人很有限，因为你的时间有限。

与人深交，是耗费时间精力的。

千万不要误以为在一张餐桌上吃过饭，在某个聚会上打过招呼，换过名片了，就认识了，就是朋友。一面之交通常只是很多年以后的一次感慨而已，点头之交可能只说明长期以来双方都没有发现有深交的必要。

破冰、初步了解、误解、曲解、深入了解、判断与误判、佩服或鄙视、绝交、重新认识、复交……这还不算多人交往的过程中必然存在的各种权衡、坚持和妥协……

老朋友就是靠时间磨出来的。不仅耗费时间，还花费精力。

重视朋友的根本方法之一就是反复筛选朋友——因为你的时间就那么多，你的世界必须由你自己创造和维护。

如何判断一个人是否值得深入交往？

每个人的喜好不同，对不同特质的优先级考虑不同。比如，聪明和坦荡，有的人更看重聪明，有的人更看重坦荡，这只是偏好问题。当然，谁不喜欢既聪明又坦荡的人呢？

然而，有个原则最简单，也最重要：

- 判断一个人，要看他的行动，而不是他的说辞。

能说会道其实是一种重要的技能，但天花乱坠通常只说明不靠谱。如若你竟然被人说说就晕了，只能说明你在判断人的方面智商太差。

你可以在纸上罗列所有你喜欢的品质，然后问自己，具有这种品质的人，必然会做什么样的事呢？注意“必然”这两个字，多花心思考虑，记下来。随着日子的推移，你就会发现你在人群中甄别这种品质的速度和质量都会有极大的提高。

交友真的不能靠“随缘”，随缘就是撞大运，一生只靠撞大运，这想想都令人头皮发麻。

凭什么？

你想要跟聪明的人交往，你自己就得够聪明；你想要与那些有能力创造的人交往，你自己就应该是个创造者…… 对等、平等，很多的时候是交往的前提。

问题在于，无论是谁都不可能从一开始就足够聪明、足够优秀。

诀窍在于：

- 花费时间、精力去思考、寻找，且主动地创造双赢局面。

杜绝把自己沦为“索取者”。成熟的人懂得如何才能避免成为他人的负担。

花时间去了解朋友，思考他们的诉求。有个方法，叫“角色扮演”。假想自己就是对方，然后穷尽一切可能地去思考他们的将来，他们需要什么样的支持和帮助，他们可能会遇到什么样的障碍和阻挠，他们可能会有什么样的喜悦需要分享……像做功课一样去做这些事情，这不仅是对朋友的责任和尊重，其实更多的是对自己的责任和尊重。

关注优点而不是缺点。

人人都有缺点，却不一定有优点。所以，优点权重更高。

一个人越自信，就越容易关注他人的优点，反之则越容易关注他人的缺点。自卑的人常常需要通过证明他人的缺点来刷自己的存在感。成熟自信的人，其实懒得关注他人的缺点，他们自然而然地重视自己的生活质量，也因此知道关注他人的优点是提高自己生活质量的一种基本手段。

当然，对于一些不良品质，如不诚信、自私到损人利己甚至损人不利己，或愚蠢到分不清好坏没有原则，原本就不应该容忍，遇到这样的人，直接把他们排除在自己的世界之外，把他们当作空气，不理不睬就对了，甚至都没必要浪费自己的时间去评价。

就算偶尔把注意力放到他人的缺点上，也要提醒自己思考的是：

- 我如何不成为这样的人？

只有笨蛋才时时刻刻需要“刷存在感”。

远离那些每天靠“刷存在感”而活着的人，特征非常明显：

- 显摆一切可以显摆的事情。
- 希望通过鄙视他人抬高自己。
- 得一点就趾高气扬，失一点就咬牙切齿。
- 讨好一切可能的势力。
- 拿抖机灵当做智慧。

这类人的特点就是实际上很自卑，知道自己不大可能靠自己的实力生存，所以只能钻营——当然他们也有“成功”的概率，虽然其实根本没他们认为的那么高。与他们交往基本上只有被算计的可能性，最终只能浪费生命。

但凡正常人，都有“偶尔短路”的时候，再聪明的人，偶尔也会笨到令人难以启齿的地步。所以，如果偶尔发现自己竟然也傻到去刷存在感了，拿出这个列表对比一下，提醒自己：

- 以后可别再如此了！

这很正常，人基本上都是靠暗地里改变自己而进步的。

7 既诺必达

每一年结束，新的一年到来，天空中就飘荡着无数美好的愿望——跟前一年空中飘荡到现在已经消失殆尽的那些“新年愿望”一样，那些没记性的家伙们一厢情愿地认为新的一年“必然不一样”……人群当中只有极少极少的人，对自己的诺言重视到极致，无论是许给别人的承诺，还是许给自己的愿望。

有趣的是，在英文里，“诺言”和“前途”是同一个词：PROMISE。不能信守承诺的人，是不可能有前途的。

说到做到，从来都不是容易的事情。很难，真的很难，无论是谁对谁的承诺，很难都能说到做到。

事实是，绝大多数人连自己对自己的承诺都做不到既诺必达。更不用说对别人的承诺了……于是，仅从逻辑上就可以推断，指望别人对自己的承诺是多么的不靠谱……

老子说：

“为无为，事无事，味无味。大小多少，报怨以德，图难于其易，为大于其细。天下难事必作于易，天下大事必作于细。是以圣人终不为大，故能成其大。夫轻诺必寡信，多易必多难。是以圣人犹难之，故终无难矣。”

嗯，轻诺必寡信。

信守承诺，最基本的，就是应该从信守对自己的承诺开始。别轻易对自己许诺，认真思考是否这个愿望值得去现实，是否可以有足够的时间、精力、详细的计划与行动步骤，以及可能的备选方案去达成这个愿望。这是个习惯，也是个可逐步习得且打磨的能力。

如果一个人能对自己、对许诺足够重视，每件事力图达成，最终真的做到既诺必达，他必然会知道许诺的艰难。他必然不会轻诺——只可惜这种人很少，因为第一步从未完成，所以第二步必然是截然相反的结果。一个常常对自己都是“说说而已”的人，对别人的话，当然更是“说说而已”，每每不能兑现承诺的时候，他们总有万能理由：人在江湖，身不由己。

很多的时候，人们喜欢要求对方给出承诺。这很诡异，越是对自己不能信守承诺的人，越希望别人能够信守承诺……宽于律己、严于律人，这才是普遍现象。

别人不愿意给你承诺，说明几种可能：

- 你可能不值得对方耗费时间精力。
- 对方可能是罕见的真正重视承诺的人。
- 对方可能给你设置了陷阱。

若是第二种情况，当他们不能承诺的时候，不会顾左右而言他，他们会很直接，也很坦率，直接告诉你不能，并且如果有必要的话，会告诉你为什么不能。遇到这种人，珍惜他们，向他们学习，与他们为伴——前提是，你自己也是这样的人，否则三下五除二，对方就会看穿你，而后与你绝缘。

其实，既诺必达的人，最终会被这样评价：坚毅。

我曾在“识己，更要识人”里提到：

- 判断一个人，要看他的行动，而不是他的说辞。

最重要的是看怎么行动，看他是否真的既诺必达。据我的观察和经验，这比聪明还重要。

8 健康的幻觉与投资的杀手

在创投平台AngelList上，业余投资人可以把钱交给知名投资人或者知名投资机构，追随他们的下一个投资项目。

而业余投资者要在盈利的时候支付0~30%的Carry给知名投资人或机构。也就是说，业余投资人可以用很少的钱就享受与大额LP一样的待遇。

与简单的“领投+跟投”模式不同，这里有个实际上的惊人创新，并且有着巨大革命意义的细微差异：

- 业余投资人不参与决策。

也正因为业余，业余投资人总觉得自己的选择能力是过人的，也更倾向于相信自己的经验与思考“起码是有一定价值的”……

1976年，美国大学委员会（College Board）在SAT考试[1]中附加了一个调查表，结果是这样的：

- 70%的人认为自己的领导力处于平均水平以上。
- 85%的人认为自己与人相处的能力处于平均水平以上。
- 25%的人认为自己的以上两个能力处于前1%。

一家机构在1981年做的调查表明，答卷中93%的美国人和69%的瑞士人认为自己的驾驶水平处于平均水平之上，在另外一个调查中，只有18%的人在答卷中承认自己的驾驶水平处于平均水准之下。

我戏称这种幻觉为“马路杀手幻觉”，实际上，有个专门的名词，Illusory Superiority（虚幻的优越感，不妨译为“自认高大上”）。

在正常的生活领域中，这种幻觉其实是有益于身心健康的。泰勒和布朗在1988年的一篇论文中论证说，那些心理健康的人有三种比较明显的认知幻觉（cognitive illusions）：

- 自认高大上（Illusory superiority）。
- 自认为控制者（Illusion of control）。
- 乐观主义倾向（Optimism bias）。

但是在真枪实弹，成王败寇的投资领域中，这些幻觉个个都是随时致命的。在二级市场上，单单“乐观主义倾向”就反复使很多“大鳄”因此瞬间倾家荡产；而在一级市场上，这些幻觉的

---

[1] SAT：全称Scholastic Assessment Test，即学术能力评估测试，美国的大学升学考试，包括数学、批评性阅读和写作三个部分，是世界各国高中生申请美国名校学习及奖学金的重要参考。

危险性常常难以察觉。

在早期项目的投资过程中尤为如此，投资人的“自认为控制者”常常貌似是“有事实依据”支撑的——起码自己的钱比对方多，或者多很多。而“自认为控制者”也常常超常显现，一方面是因为上一条“有事实依据支撑的相对更高大上”，另一方面是因为有自己过往的“成功经验”支撑——虽然大多数人的自我总结并不见得准确。

成功是很依赖经验的——尤其在投资这个有效经验格外难以积累的领域。子弹有限，同时又成王败寇，这两条加起来，构成了一个比举步维艰的创业更为凶险的世界。

并且，投资这个领域中，人们的成绩常常并不是遵循正态分布的，可能遵循的是2%定律：

最终只有大约2%的投资人的长期回报处于足够好的水平，而大多数投资者实际上是赔钱的（即，很可能连利率都没有跑赢）……

于是在这个点上，业余投资人只有两个选项，没有其他：

要么全靠别人——有自知之明，于是只能放手不闻不问……

要么全靠自己——放下身段去拼命学习，耗费足够的时间和精力，学到起码在一些方面比别人都强的地步……

投资的核心从来都是这样：自己的决定自己埋单。当不幸来临的时候，无处哭诉。

9 如何免交“无知税”

所谓“机会成本”，是指决策过程中面临多项选择时，当中被放弃的选项的最高价值。

比如，面临A与B的选择，你选择了A，放弃了B；最终，B的最高价值是100，那么你的机会成本就是100；而与此同时，A的最高价值是20，那么考虑到机会成本，最终你的收益是20-100=-80；虽然表面上来看，你的收益是20，但实际上你的收益是负数。

在选择之前，我们面临的难题是：

- 我们生活在一个不可完全预测的世界。

于是，最终A与B的收益如何，我们在选择之前只能靠自我判断——当然，这些判断常常最终被证明为不那么正确，又当然，也有非常正确的时候。于是，赢的时候，我们要继续前行；输的时候，要“愿赌服输”。

可真正可怕的事情并非仅此而已。

我们时时刻刻所面临的选择，并不仅仅是那一瞬间我们能看到的A和B；更多的情况下，在那一时刻，可能还有C－Z等等很多种选项。

于是，我们时时刻刻要缴纳“无知税”。

机会成本的形成，根本原因在于时间的属性。它是一种稀缺有限、不可回溯、不可再生产、不可替代、不断消耗且独占的资源。于是，资本虽然宝贵，但还有机会“千金散尽还复来”，时间却完全是另外一个层面上的宝贵。

策略一：要学会提前做功课

不要到了必须选择的那一刻才开始思前想后。一定要拼命思考未来，就是这个原因。在必须选择的那一刻已经有很多的储备，很多的预筛选，那么，总比临时发挥高明许多。

策略二：选择过后不再计较

选择完成那一刻，机会成本已经确定下来了，不再有可能更改。剩下的只能是如何挖掘当前选择的最大价值，让它远超那些可能的机会成本。因为道理上来看：“机会成本影响选择”，但反过来，“选择并不影响机会成本”。经济学家们的说法是：“旁置成本不再相关”，即选择的后果不可能影响已有的选择本身。

策略三：养成决策方法论

我常常跟朋友说，那些有“有效方法论”的人，就好像是打游戏开了外挂一样，大家明明玩一样的游戏，他们的战绩却必然卓尔不群。方法论是很重要的，它不是一成不变的，肯定是不断演进、不断试错、不断总结提炼的一个体系。它必须是个“自学习”系统。比如，清楚了解机会成本的概念之前与之后，就必然会导致一个人的方法论发生演化。

策略四：感知那些看不见的对手

足球场上，两队之间，相互都是看得见的对手。你跑得比我快，那只要你靠近我我就传球；我射门比较准，那对方肯定一有机会就会铲掉我……可生活中、工作上、创业途中，最常见的情况并非如此。就好像一个球场上竟然有许多个球队，并且都是相互之间看不到的隐形人……

于是，要有一套方法论去感知对手的存在。听起来很玄，好像没有办法，解决方案却非常简单直观：有效社交。与那些关键节点建立关联，在他们那里获得更多的线索——为了平等交换，你也要想办法尽量为他们创造价值……

策略五：积累

尽量提高自己每次选择的质量，让它带来最高价值的结果。日积月累，你的价值就会提高，乃至于最终看起来“好事儿总是发生在你身上”。如果真的做到这点，你自己就会成为有效社交里的关键节点。

如此看来，好运不是自然发生的，其实是可创造的。

投资如游戏，比谁的装备更牛 10

虽然许多年不玩游戏了，可我小时候却非常痴迷游戏。并且，在游戏里可以学到很多东西的！

其实对有些人来说，“丧志”只不过是因为他们本来就没有啥志向而已，从另外一个角度来看，我总觉得“玩物”才是人们根本的进步动力——反正我以前是这样的：好玩的东西那么多，买不起多难受啊！所以只好努力赚钱喽……

玩《超级马里奥》到第三代，有个场景印象深刻——一说出游戏名，就暴露年龄了……哈，其实不怕暴露，我1972年生，16岁就觉得自己已经老了。

在一个地狱关口，屏幕右上角飘下来一个小怪物，不断地接近你……你越来越紧张……被搞死几次之后发现，只要你面对着怪物，它就会停下来，若是你背对它，它就会持续接近你。

人生哲理啊！

· 你怕，你就会被吃掉；你不怕，其实就没事儿。

你看，游戏人生，人生游戏，哪儿都是游戏，哪儿都隐藏着真理。

我人模人样地做了一段时间天使投资之后，才发现自己根本就还没入门呢。就好像在游戏里，别人都进化到了青铜时代、有了骑兵，你的兵却依然手里只有一根狼牙棒似的……

早期项目投资其实就是个游戏，里面有各种各样的人物，大伙都各自有着不一样的装备……

有找人的装备

创始人的能力、见识和潜力，基本上就是项目的天花板。真的不是随便谁都有能力创业，有能力把创业项目推动到底的——无论最初的时候看起来如何。无论如何，判断人就是非常难。

可是有些玩家却是有额外装备的……比如，广东有个孵化器，叫南极圈。他们盯紧从腾讯离职的群体，长期跟踪，私下从各个维度给他们打分，一旦觉得有机会、有价值，就冲过去……当然还有另外一些投资人盯着阿里、盯着百度、盯着京东、盯着美团……当然还有更高级的装备：干脆投资猎头公司或者招聘网站，然后更广泛、更批量地跟踪……

有找项目的装备

每天都有很多新公司注册，每天都有很多人蠢蠢欲动，反正好项目应该有很多……可它们在哪里呢？

可是有些玩家却是有额外装备的。比如，有个新闻类的应用，在安卓版本上做了很多很多监控器，凭借它过亿的下载量，嗅探哪个应用“突然在多少个终端上出现了”，“突然启动次数环比增加了”，然后创始人的几个投资人朋友相对于场上其他的玩家，就好像突然多了个装备，在一段时间里表现得有如神助、点石成金。

有买卖项目的装备

投资做一段时间就明白了，买项目其实是特别容易的，尤其是自己还比较傻的时候；卖项目才真正难。

可是有些玩家却是有额外装备的。他们很多都是FA（融资顾问）出身，或者现在依然在做FA。国内最大最猛的FA也是一家基金——华兴。他们经过长期的积累，比别人更知道谁在哪个赛道上，谁正在买什么项目、卖什么项目……他们不断积累、分析的数据，就是他们额外的装备，所以他们才能赚到另外一种收入：套利。

避险工具是绝对不可或缺的装备

投资是很危险的事情，千万别不相信。以下几种业余投资人常干的事情，都是缺乏安全装备的表现：

- 轻易投资陌生人。
- 投资不熟的领域。
- 不分阶段地投资。
- 不分领域地投资。
- 怕失去投资机会。
- 见识是最强的装备。

虽然还有很多很多的隐藏装备、暗黑装备，但我个人认为最终、最强的装备，是投资人自身的见识。

投资人一般都会经历以下三个阶段：

一、看什么都好；早晚会如此总结：当时见识还少么！

二、看什么都不好；因为被一些失败案例伤着心了，所以各种见绳怕蛇……

三、好的就是好的，不好的就是不好的；见识足够多了，心里的标杆逐渐清晰了，知道怎样判断人，知道怎样判断事儿，知道怎样判断适不适合自己……

我个人有一段时间完全停掉投资活动——几近一整年，其实就是因为发现自己的装备太差，甚至在一些地方就完全没有装备。尤其是经过观察对比之后，深深觉得自己的见识不够。没有好的装备，出去打仗一定吃亏……

早期项目投资是个很容易让人兴奋的游戏，也是个哪怕看着别人玩都会觉得很嗨的游戏，可最终，玩得好、玩到底的人一定不会很多，这实际上在哪儿都是一回事。

11 不做功课就是要吃亏的

投资人应该自己做功课。

投资人应该在投资之前做更多的功课，因为投资完成之后，能做的事情其实很少很少。

一般来说，人们买房子之后，通常不会后悔到要跳楼的地步；但买了股票之后后悔到跳楼却好像很普遍……为什么会这样呢？

大多数人买房子的时候，通常会做很多功课，去实地考察，多方比较，细心筛选……所以，最终哪怕后悔了，常常也不至于太过分。可是，当牛市来临的时候，很多人选择股票通常只是几分钟之内的决定……不后悔才怪了呢！

我个人并不认为“有大佬领投”就可以放心跟着投资了。开个玩笑：那全民老公看上的女人不一定适合做你的妻子；或者反过来，全民女神看上的男人也不一定适合做你的老公……

功课就应该是自己做的——因为成了，你也并不分给别人更多，败了也没有人有义务补偿你哪怕一点点。别人做的功课，若是不愿意与你分享，那也挺正常的，毕竟你也讨厌别人不劳而获。

· 众筹本质上应该是为投资人赚钱，而不是赚投资人的钱。

不是投资人的钱赚不得——有很多正当地赚投资人的钱的方法，商业情报公司Mattermark公司就是为投资人做工具，光明正大地赚投资人的钱。

但，如果创业者选择了众筹，本质上来看，应该是此人自信自己能够用投资人的钱，凭自己的能力赚到高于市场水平的利润，然后与投资人共享——这是好事儿。

但，事实上呢？事实上，现在有很多创业者的商业模式其实不是2B[1]，也不是2C[2]，就是2VC……现在的VC（专业投资机构）都很聪明——虽然偶尔也会被骗——于是，很多2VC的创业团队现在都开始2CV了，CV就是“Crowd-funding Venture”（众筹创业），投资人还是需要非常谨慎才好。

---

[1] 2B，TO Business，用户群面向供应商的商务模式

[2] 2C，TO Consumer，用户群面向消费者的商务模式

如果投资世界里也有导航 12

我很晚才开始开车。2010年的时候，我才买第一辆车——因为我是个路痴，而最终敢于开车的一个根本原因是导航软件的兴起。后来手机上有了高德导航，我走路的时候都经常开导航，真心觉得科技改善了生活。

开车久了，渐渐开始认路，再后来就开始发现导航必须有，但真不能完全听它的。

我在北京的北边活动比较多，渐渐地发现两条路，一条我把它称作3.5环，从知春路往东一直到京密路；另一条我把它称为4.5环，从成府路往东一直到京承高速。

这两条路的好处是，三环四环上堵成紫红的时候，这两条路基本上依然畅通。

平行于三环、四环的两条路，为什么堵塞状况会如此天壤之别呢？原因当然很多，其中一个可能的原因是，导航软件把大多数人引到越来越拥堵的环线上去了。而从另外一个角度，使用导航的人不由自主产生的依赖使得他们失去了发现的能力。

创投圈其实也是一样的，处处都是交通堵塞——大家都有一套行话：赛道啊，风口啊什么的……然后大家天天都在用导航，各种科技媒体、创投媒体……

可动动脑子就知道了：

- 拥堵的赛道上，谁都走不动。

业余投资人进入一级市场，就好像是当年的我一样，瞬间成为路痴，这时候有个导航当然是好的，无论它有没有躲避拥堵的功能。但，如若只听导航的，虽然最终能够到达终点，却很可能慢慢死去。反过来，投资标的也有这样的属性：知道的人少，是价值所在的根基之一。

所以，报道啊，分析啊，这种东西都是好的，但不能失去自己的判断，不能失去自己的好奇心，探索这事儿，只能自己来。而探索的乐趣好像也根植在这里。

Part 9

让所有人都听你的

——会沟通就成功了一半

说有意义的话，是讲者最终可以赢得信任、赢得尊重的根本——别无其他。

1 一开始就做对

千万别装

群众的眼睛是雪亮的。为了在台上从容、自如，请牢牢记住第一条铁律：千万别装。

如果你平时就不是喜欢穿正装的人，千万不要为了演讲而换上正装，尽管你有最正当的理由——“这是正式场合，我应该正式一点……”因为你从未“适应”过正装，所以，那衣服无论多合身放在你身上就是别扭，无论是在你心里还是观众眼里。

如果你平时就不是一个喜欢开玩笑的人，那就千万别为了讨好观众讲笑话。因为你从未有过成功讲笑话的经验，所以，再好的笑话也可能被你讲臭。

你是一个文绉绉的人，即便面对生性粗犷的听众也不要尝试着像他们一样说脏话，你不一定能够把握个中的韵律，你无法把脏字说得掷地有声，浑然天成。

如果你不是满腹经纶的人，最好只讲大白话，临时抱佛脚绝对不可能让你轻易蒙混过关；引经据典既然不是你的长项，就最好直来直去，台下不是一个人，而是很多人，那其中一定有能够把你看得通通透透的人。

· 别装，千万别装。

也千万别不信，别非等到一败涂地再悔青自己的肠子。

“我是谁”这是伟大的哲学问题，却又是每一个普通人只要认真就能清楚的问题。最好不停地这样问自己：“我究竟是/到底是谁？”

不满现状是每个人的现实。寻求变化更可能是每个人的挣扎。你也羡慕，你甚至嫉妒，你也想像他们一样……那怎么办？

如果你羡慕那些衣着光鲜的人，你平时就得衣着光鲜。如果你羡慕那些幽默的人，你平时就要想尽一切办法修炼幽默——要知道郭德纲也好，黄西也罢，为了一个好笑话可能要挣扎很久很久才能够“妙手偶得之”；你要是暗自羡慕那些大大咧咧的人很潇洒，那你平日里就要放下架子，别再文绉绉；你要是羡慕那些引经据典的华丽，那就要在许多年里饱读诗书……

你是谁就是谁。其实这并无所谓——只不过，你觉得“你应该显得更好一些”，殊不知，这恰恰是失败的根源，你不是在讲，而是在演，不是谁都可以做影帝的，这是现实。

讲演是个有误导性质的词汇。其实，该讲就讲，别装，别演。

信任你的听众

有一个无比重要的事实总是被忘记：你的听众不是你的敌人。

既然已经决定投入时间坐在下面听你讲话，你的听众最不希望你惊慌、紧张、手足无措、语无伦次……他们最希望跟你一起愉悦地度过这段时光。听众的这种愿望，跟你一样强烈，正如你当然也不希望自己惊慌、紧张、手足无措、语无伦次一样。

在不了解你之前，没有人对你抱有任何看法。就算你不是朋友，也起码不是敌人。

而所谓的信任你的听众，最重要的一方面就是记住并相信另外一个事实：你的听众不需要你故意取悦他们。

既然是"众"，听众就有一定的"集体智慧"，整体上来看还是能够分辨优劣好坏的，无论在哪一方面。不可否认，有时听众并不理性，可能会盲目、盲从、甚至看起来反复无常，但要知道那毕竟都是暂时的。

一定要相信：

- 听众的认同与否，确实取决于你的内容质量。

没有哪一个听众苛求你完美，除非你自己已经声称你是完美的；没有哪一个听众强求你高尚，除非你自己已经声称你是高尚的……别装，千万别装。

很多时候，演讲失败的根源就在于讲者并不信赖听众。

有些讲者倾向于低估听众的智商（或者反过来过分高估自己的智商），于是不经意之间就已经把听众当作傻子去忽悠。这种做法往往带有迷惑性，因为他们有时看起来确定很成功。可是，长远来看，这种讲者不会得意很久，早晚会遭到听众的唾弃。

另外一种低估听众智商的表现就是错把听众的探讨认为是敌意的挑衅。除非讲者自己已经犯了错误，或者没有说明白，听众不大可能抱有敌意。更多的时候，有些听众表现出讲者不曾预料到的反应，本来没有任何敌意，却被低估了听众智商的讲者认为是挑衅，而后将“探讨”变成“声讨”——其实这是无论讲者还是听众都不愿意步入的境地。

要相信听众。相信他们是有判断力的，相信他们是有品位的，相信他们是有足够的智商和智慧的，相信他们是善良的，相信他们是公正的，相信他们拥有一切正面的品质。别说“那可不一定”——我们知道有些听众不是这样的，但你所愿意与之沟通的听众难道不就是这样的么？而既然你无法仅凭外表分辨，那就只能相信“整体上来看，听众是值得信赖的”。

如果做不到这点，那就算了，你那“不吐不快”的欲望最好还是收敛一下吧，闭上嘴可能结果更好一些。

- 听众到底要什么？

听众的目的往往只有一个，就是希望有所收获。

那作为讲者，你的目的是什么？

一般来说，当众讲话，无非以下若干目的：

- 教学（Teach）。
- 告知（Inform）。
- 探讨（Discuss）。
- 分享（Share）。

· 鼓动（Inspire）。

而在不同的场合，讲话往往有相应的不同的目的。比如，教学更多出现在课堂上，告知更多出现在广播中，探讨通常是在会议里，分享往往是小组中，鼓动往往面对群众。当然，这不是绝对的，课堂里也会有分享和鼓动，会议中也可能有告知和教学……

对于新手来说，起点往往是分享。而这个系列中，我们所关注的更多是“分享”，而后是“鼓动”。这两者是对普通人来说最重要的当众讲话之目的。

先说分享。

什么是“分享”？分享的意思是说，讲者自己确信那东西是好的，希望更多人知道。换言之，东西必须是好的，才有分享的必要。

所以，无论你想分享什么，都要先问自己若干个问题：

· 真的好么？

· 好在哪里？

· 为什么人们需要这种“好”？

· 拥有它有什么特别的地方？

· 没有它有什么特别的害处？

· 人们是不是低估了拥有它的好处？那我应该如何让人们意识到这点？

· 人们是不是低估了缺少它的害处？那我应该如何让人们意识到这点？

这里最重要最难以回答的问题是第一个：“真的好么？”

有时，我们认为好的，不一定真的是好的。而如果并不确定，那么就应该是“探讨”，而非“分享”。这么多年来，我观察过无数的讲者，发现他们最常见的错误是把“分享”和“探讨”混淆了。

很多人都声称自己在“探讨”，但实际上只“探”不“讨”。很多人只不过是“探”一下而已，把自己的观点、看法扔出来——不管是否真的站得住脚。而面对“讨论”，往往将其一概看作“声讨”。

如果一切无误，接下来就可以直奔主题了——记住，谁都讨厌浪费时间（尽管大多数人并不真正善待时间）。

当然，在做到内容充实之后，我们确实可以想办法做到“连开头都很精彩”。

你我皆凡人

你和我一样，是一个普通人。

名人讲演，很多的时候只要“演”就够了，“讲”什么其实真的并无所谓。

这很诡异，尽管整体上来看听众是拥有一切正面特征的，但是，大多数听众作为个体却只有两种状态，要么接受或欢迎，要么拒绝或抗拒。

如若你是个大名人，大多数听众在你开口之前就已经“敞开了自己的心扉”，做好了“聆听”一切的准备。他们甚至可能早已准备好了纸笔，生怕错过一点点的信息——他们早已假定将要听到的一切都是重要的、未知的、复杂的……

可问题在于，你和我一样，只不过是一个普通人。

我们信任听众，相信他们有一定的判断力，但是，一个冷酷的事实摆在我们面前：

我们不是名人，所以听众绝不可能“盲从”。他们并未从一开始就“抗拒”，但是，他们也没有从一开始就“欢迎”。

这是普通人在公开场合讲话最困难的根源——没有“之一”，这就是最困难的地方。

这就是为什么“千万不要装”的原因；这也是为什么你我必须信任听众的原因，这还是为什么“一定要有干货”的原因。

市面上从来都不缺“有效演讲技巧”之类的东西，但它们无一例外地忽略了一件事情：它们都是在总结“成功讲演者”的技巧，却从未照顾“入门者”的挣扎。

随便举个例子。

几乎所有的书籍都认为“用故事开头”是最好的演讲方式——真的么？

对于那些早已“敞开心扉”的听众来说，名人的故事哪怕再平凡都耐得性子听到底；然而，对于你我这种普通人来说，这事儿还真不见得——哪怕再精彩的故事，很可能只因为多绕了个弯子就已经有人离座而去。最要命的是，作为普通人的你我，很可能从未有过讲述精彩故事的经验，所以，更可能发生的情况是，再精彩的故事都有可能被我们讲臭……

对策总是存在的。哪怕四两拨千斤，都确实是可能的。然而，在找到正确策略之前，必须先直面“你我皆凡人”这个简单而又冷酷的事实。否则，一切都无从讲起。

怎样开头

这是个伪问题。

过去我讲作文课的时候，无论哪一个班里都一定会有人上来提问："老师，我就不会写开头，怎么办啊？"我反问他们："那除了开头之外，其他的部分能写好么？"为了急于得到第一个问题的答案，他们之中的相当数量宁愿违心："能啊，我就是不会写开头！"于是，我答道："那，咱不写开头了，直接写'其他部分'不就得了么？"他们均无言以对。

提这种问题的人是被误导了才这么问的——几乎所有的写作书里都会有大量的篇幅论述"开头的重要性"。看看市面上的演讲技巧书籍，也必然如此，总是强调一个好的开头有多么重要。

开头并不是不重要，但，更重要的是内容——只有一个精彩的开头，而后乏善可陈，多丢人啊！事实上，乏善可陈的内容，也不大可能有精彩的开头吧？

如果你对你的内容有足够的信心，三个字作为开头就可以了：

- 大家好……

当然，即便是这样三个字也是需要练习的。

在台上用舒适而又挺立的姿势站好；抬头，露出灿烂的笑容；缓慢环视四周（实际上是大约180度），大约5到10秒；然后，用恰当的声音说："大家好！"

闭上眼睛演练一下就知道了，每一步对新手来说都非常不容易，都可能随时出错：

在台上的站姿可能是僵立，而非挺立；而僵硬的姿势，会使一个人处于思考冻结状态；努力在笑，但比哭还难看；不敢看听众，甚至按照某些书的建议，把目光放在“稍微高一点的地方”，实际上是在“仰望天空”，好像害怕眼泪会掉下来一样；鼓足勇气说出“大家好”，可声音比蚊子还小……

2 会沟通就成功了一半

什么元素最重要？

一个字“惊”。

很多“经典”讲演技巧书籍中都提到“最好用故事开头”。在我看来，这种建议尽管没什么不对，但还没有深入实质。其实，是不是用故事开头并不重要，重要的是要“惊”到听众。不信，你就用一个每个人都知道的故事开头试试看，一定反应平平。

“惊”是最容易获得听众好奇心的元素。赢得了听众的好奇心，他们就会很自然地进入全神贯注的状态。听众的这种状态，是讲者的福祉。没有什么比面对一群三心二意的听众更令讲者沮丧的事情了。

相信我，“惊”甚至比“有趣”重要得多，因为绝大多数“有趣”也是从“惊”之中产生的，即，所谓的“惊喜”。

向杜甫学习，“语不惊人死不休”。

然而，不能仅仅为了“惊”而“惊”，否则，整场讲话就成了恐怖烂片。至于用什么手段达到“惊”的效果，这并不重要，每个人有每个人的方法，但是，必须与主题相关。

如果你说了什么，听众“当场就惊了”，那你就成功了一半。如果你已经做到“意料之外”，那还有另外一半更难做到：后面你所讲的一切必须是“情理之中”的。

在确定你的主题是有意义的，你的内容是严谨的之后，就要耗费很多的时间精力去琢磨在什么地方，以什么样的方式制造“惊”的效果。说透了倒也简单，开头一定要有，结尾最好也有，中间每8~10分钟要有一次。

记住，无论是什么，太多了都不太好。

有很多常见的方法制造“惊”的效果：

- 故意用错误的方法做些什么。
- 给所有人都知道的故事安一个想不到的结尾。
- 做一个结局惊讶的演示。
- 演示一个超群的技艺。

每个人、每个时刻、每个场合、每个话题，都有独特之处，要花时间去考虑如何才能恰到好处且又合情合理地制造“惊”的效果。每个讲者都具有不同的个性，要根据自己的个性选择恰当的方式。

这是一种能力，能通过长期练习和实践慢慢积累的能力。

一次只说一件事

对大多数新手来说，能够上台讲话，是难得的机会。所以，也很容易理解，他们倾向于“有很多话要说”。可这恰恰是大多数新手“讲砸了”的根本原因。

一次只说一件事。

30分钟也好，1小时也罢，只说一件事——换一种说法，这叫“主题鲜明”。

新手做不到“只说一件事”的原因，除了刚才说的“有很多话要说”之外，还有另外一个相对隐蔽一点，却又更为本质的原因：他们没做到足够深入。事实上，任何一个话题，足够深入的话，别说一场讲演，连一本书的篇幅都可能不够。所以，“深入，深入，再深入”，是把一件事说透、说好、说清楚、说精彩的根本技巧。

为了做到所谓的“深入”，就要提前做足功课。新手不明白的地方就在于“我知道做功课很重要，可是应该做哪些功课呢？”

“做功课”（Having your homework done）的范畴很广，但，如若挑最重要的就是这个——针对你所说的每一句话，每一个理由，每一个例证，每一个结论或观点，都要问自己：

我说得够清楚么？够准确么？是否需要对其中的概念、范畴、逻辑关系等等进行补充说明？是否会有一些听众对这些东西产生误解，如若有这种可能，我应该如何面对？

有什么是所有听众都必然知道的（这些无需讲）？有什么是一些听众知道而另外一些听众不知道的？不知道的人大概占多大比

例（酌情决定花多大的篇幅去讲）？

有什么东西是听众想不到的？我应该在什么样的地方，把这些“意外”用什么样的方式，什么样的措辞展现给听众？

要理解我正在说的这些事情，有哪些事情是应该提前知道的？而这些必需信息，听众的了解究竟有多少？

有哪些事情是不重要的，却被大多数听众认为是重要的？或者反过来，有哪些事情是重要的却被大多数听众认为是不重要的？这些“错觉”“误解”是不是会造成很大影响？如果是，我又应该如何最直观地证明这种影响的存在？

这句话能不能更精彩一点？这个例子是否足够恰当？理由是否足够充分？它们是否足够惊人？（比如，听众没听说过，没想到过的）这个结论是否足够有意义？该结论是否真的能够改变听众的生活（哪怕一点点）？

这些问题都看起来简单，实则难上加难。越是有经验的讲者，越知道这些问题的刁钻。也正因为如此，那些有经验的讲者，都老老实实地去做功课。

你有99%的可能性被误解

整体上来看，讲者必须信任听众。台上的讲者，应该牢记：

相信他们（听众作为一个整体）是有判断力的，相信他们是有品位的，相信他们是有足够的智商和智慧的，相信他们是善良的，相信他们是公正的，相信他们拥有一切正面的品质。

然而，作为个体的每一个听众，各方面都是参差不齐的。他可能并没有判断力，却以为自己很是有一些判断力和判断资格；他可能在这一方面有品位，不过是很差的品位；他很可能并不善良，或者确实是善良的，然而却只不过是基于懦弱的那种善良；他可能并不公正，一生都活在双重标准之中，宽于待己、严于律人……他们中的一些人，甚至可能拥有一切负面的品质。

最为可怕的，是有很多听众从未认真审视过自己的“选择性输入障碍”。有很多时候，讲者与听者之间的关系并不是相互的，而是“你说你的，我听我的”。到最后，听者所听到的版本，与讲者所讲的版本，很可能相差十万八千里。

截止到2010年6月30日星期三13时42分，我的博客上有23，546条留言，哪怕是那些骂街的留言我都未曾删除过，所以，读者可以在这里找到无数“你写你的，我读我的，然后‘老子骂的就是你’”的例子。

当我说“现在的初学者最好别选五笔输入法”的时候，冲上来反对我的人，好像根本就没有看到“现在”“初学者”“最好”这些字眼一样——对他们来说，“反正你就是在说五笔不好，那就不行”。

最近的一个例子发生在Twitter上：

@xiaolai：没看出你反对的是啥。@miaomiaowang：完全反对！最简单的道理：对着同一部位拍X光片，不同医技师拍出来的水平是完全不一样的；而同一张X光片，不同医生能看出来的东西也完全不同。@xiaolai：我很怀疑中国的很多西医，其实只不过是现代医疗器械普通用户而已……

这位反对者，究竟是如何做到“用支持对方观点的证据强烈反对对方的呢”？

解释很简单，他听到的是他自己的那个版本，不是我说的那个版本。这类人是那种很容易受情绪影响的，如若你一不小心引发了他的某些负面情绪，他们马上就会产生“生理反应”。

如此简单的句子都可能这样被误解，更不用提你作为讲者在台上30分钟甚至更长的时间“长篇大论”了。

避免被误解的有效方法有这么几个：

· 尽量保持简单。

简单不等于“过分简化”。我是说，要尽量保持逻辑关系简单明了。只有这样才能避免不必要的误解。

· 避免引起听众的负面情绪。

如若讲者确定自己是对的，那还真的没必要讨好听众。然而，无论是谁都没必要无端地得罪听众。最好认真审视自己的每一句话，避免那些可能会引起听众负面情绪的句子、例子、字眼。

· 提前做功课，做小范围内的沟通。

通过日常对话、小范围内的讨论，收集不同意见，思考它们的有理之处、无理之处，而后逐一设计对应策略。在台上，可以用自问自答的方式，把这些“听众可能疑惑”的问题直接处理掉。

· 当然，最重要的是“保持平和的心态”。

人非圣贤，孰能无过？

对于我们每一个人来说，“最常犯错的是自己”——因为别人同样会犯错，也可能同等频率地犯错，但是，那些错误和我们自己没有太大关系。不过，大多数人并没有想明白这一点。所以，他们自己犯错就掩盖，久而久之就相信自己很少犯错，甚至从未犯错；而别人犯错的时候，就会迫不及待地指出，久而久之就相信别人都是傻瓜。在人群之中，这种人占大多数。所以，有时我们没错，却被误解了，没什么可大惊小怪的。

更为重要的是，如若你真的心态平和，能够做到凡事认真思考，常常会发现所谓的“误解”其实只不过是当时的错觉而已；过些时候仔细想想，那“批评”也好、“误解”也罢，竟然真的是对的——赚大了！

更可能是你自己没说清楚

当众讲话与私下讲话非常不同。

听众往往是陌生人。他们和你的朋友、你的家人不同，他们并不了解你的一切，他们只是对你有个大概的了解。

与家人和好友说话的时候，由于之前已经有过太多的交往，所以，相互之间的交谈实际上无论从哪一个角度来说都是经过大量简化的。

比如，当你对朋友和家人说“有些人……”的时候，可能他们知道你说的更可能是哪些人，也知道你说的更可能不是哪些人。不管“有些人……”后面的话题是什么，你们之前都可能已经讨论过，或者很可能至少讨论过一些相关话题，于是，很多细节对你们来说，是“不言而明”的。

然而，当你对一群陌生人说“有些人……”的时候，无论其中的哪一个都无法确定你所说的“有些人”是否包括他自己。于是，沟通差异已经开始悄悄地出现。如果讲者不注意这种差异的存在和它的重要影响，那么，其后的沟通就肯定会出现很多的困难。

这只是一个很小的例子，只是“有些人……”这样一个常见而又貌似微不足道的句式而已。然而，几乎一切的地方都可能存在这种沟通差异，因果、比较、前提、价值观等等……所以，所谓的“说清楚”真的很难很难，因为你面对的不只是一个陌生人，而是很多很多陌生人。

要牢牢记住，听众是陌生人。至少，在他们接受你之前。

刚开始的时候，新手甚至可能注意不到这一点。就算注意到了，也似乎束手无策。因为“误解”毕竟是发生在听者思维里的事情，讲者在讲之前和之中都无法获知误解的存在和内容。有时，听者的神态会告诉我们肯定哪里出问题了，但是，却无法让我们明白那问题究竟是什么。

对策总是存在的：

- 认真对待讲话之后与听众的面对面交流。

首先要保持心态的平和，而后，认真记录听众的每一个反馈。其次，不要急于为自己辩解（不要把疑惑当作质疑），甚至不要急于回答问题，而是尝试着通过反向复述（您的意思是不是……）确定提问者的真正问题，而后再认真回答。

不要怕“回答不出来”。新手就是新手，需要磨练，这不丢人。丢人的是不懂装懂，死撑却撑不住。听众对这种人是没有任何耐心的，换位思考一下吧，换作是你，可能会直接把这样的人归为某类，从此再不理睬。

一切无法回答、难以回答、回答得不够清楚的问题，都拿出纸笔记录下来，以提醒自己回去做足功课。当场记录也会让听众明白你会认真考虑他们的问题的。而后，一定要告诉提问者，你回去会马上想办法弄清楚，并且会在第一时间向他反馈。这样做，不仅不丢人，相反，还可能会赢得尊重。

使用你自己的语言

尽管表面上来看大家在使用同一种语言，可实际上，每个人的语言风格是非常不一样的。

就好像每个人的指纹都各不相同一样，每个人在说话的时候，措辞、长短搭配、语音语调的运用等等，对每个人来说，都是过往的语言使用所积淀下来的习惯，人与人之间的不同，可谓千差万别。

很多新手在准备讲演稿的时候，往往忽略了这一点，把别人说过的话直接拿来就用——可这是一厢情愿，因为在台上，基本上百分之百会因为那并非属于自己的语言风格而产生结巴或者其他什么样的口误。

平日里，人们只关心自己是否表达顺畅。可是，既然你要当众讲话，就必须留意自己的语言风格。

你是否关心措辞的准确？你是否喜欢使用大量的形容词或者副词？你是否喜欢用大量的名词说事儿？你是否喜欢说一些复杂的句子？说明因果关系的时候，你是喜欢把原因放在前面还是放在后面？说明比较的时候，你是喜欢先说结果，还是先说比较过程？

无论答案怎样，是也好，否也罢，并不是说哪一个优于哪一个，关键在于你自己究竟是什么样的？

平时多留心一下，就会发现自己的真实情况。而经过这样的留心，再看别人的句子或者文章，就很容易分辨你和人家之间的区别。

而当你需要复述什么东西的时候，记得一定要用自己的语言重新创作，而不是“背”。背别人的东西是很辛苦的——尽管看起来更简单。只有用自己的语言重新创作之后，那材料才能变成“自己的”——只有这样才可以运用自如。

很多人害怕麻烦，总想偷懒，心想：“有现成的干吗不用？”这是陷阱——很多人都会掉进去：费尽心机选所谓最简单的，最终却挑了个最难的。无论什么事情想要做好都挺麻烦的，怕麻烦就直接去死好了，不过，好像死都是一件比较麻烦的事情。

有些时候，当你决定“引用”他人的言语之时，一定要只字不差地背诵下来，反复练习多遍，确保自己顺嘴说都不会说错。这一点很重要，讲着讲着突然卡住，然后说：“原话我记不得了，大概意思是……”这样实际上很尴尬，很丢人。当你看到那些熟练的讲者“信手拈来”之时，要清楚他们实际上是在上台之前练习过很多遍，而后又在台上实践过很多遍才如此的。

对新手来说，在讲演之前，把要说的每句话都写下来，是很好的练习和实践的方法。有些时候，写出来的东西会吓你一跳：脑子里以为正常的句子怎么会这么别扭？实际上，每个人都会在不知不觉中犯下这样那样的错误，只不过，平时没有人监督你，有错误也不见得有人指出罢了。在台上，你也会如此，然而，会有人当场指出让你措手不及，或者干脆懒得指出，而后直接将你归入某类——那是更可悲的结局。所以，全都写出来，隔天自己仔细看一看，这样简单的步骤，可以让你免去很多尴尬。

只说自己真正相信的话

一定要仔细审核自己的讲稿，确定自己对其中的每一句话都确信无疑。

这很重要。

如果一句话、一个观点，是讲者确信无疑的，那么那些词句就“根深蒂固”，自然会脱口而出，不管在什么情况下，无论是紧张还是拘束。

讲者最好认真对待自己的逻辑训练，经常改进自己的思考模式，以便用一系列常年积累、打磨的套路去审视自己将要说的每一句话：

- 它合理么？
- 它有根据么？
- 它的前提总是成立么？

反对它的人是怎么想的？如若他们有一定的道理，那道理究竟是什么样的？如若他们没道理，那为什么他们会得出这样的结论？我又应该如何说服他们？怎样做，才能尽量不令他们产生负面情绪？

我怎样说，才是准确的，生动的，有说服力的？

新手往往顾不得这些，抑或出于过分紧张，抑或出于过分急切地想要“出人头地”，讲一些自己并不相信的事情——之所以那么讲，并不是因为那是在仔细审视过后确认无误的事情，而仅仅是因为“那么说听起来很厉害”……

人云亦云，不是什么好事儿。在台上人云亦云，姑且不论它是否丢人，但却肯定是浪费听众生命的事情。

但更为可悲、可怕的事情在后面。

一句话，不管真假，不管对错，如若一个人将它重复很多遍，那么他最终就会相信它。这种表述可能有点误导：“他最终相信了它”，好像是“他”发出了相信这个动作一样。可事实上，应该这样表述才准确：“它最终绑架了他。”相信我，重复的力量是很可怕的。

生活中我们经常遇到这种人，整天吹牛、人云亦云、胡说八道，可最终，时间久了，他们就被那些“鬼话”所绑架，他们的大脑渐渐失去正常思考能力，作出来的判断常常莫名其妙，而因此做出的行为常常令人匪夷所思……最要命的是，他们竟然以为自己在“独立思考”！

对新手来说，建立威信的过程是漫长的，长到让大多数人半途而废，失去耐心。然而，说实话，说有意义的话，是讲者最终可以赢得信任、赢得尊重的根本——别无其他。

3 只有了解听众，才能征服听众

不要指望听众能够自动与你感同身受

先说点别的。

一位朋友，基本上是个电脑小白。让我们姑且叫他白哥。不过，在朋友眼里，白哥却是个会用电脑的人——是啊，整天上网偷菜什么的。于是，有朋友求他帮忙开个淘宝店。他觉得也没什么大不了的，就一口应承下来。

只有开始做了才知道有多麻烦。

从Word里拷贝出来贴到淘宝的文本编辑器里，这文字怎么就全都串版了？这图片怎么就是没办法靠右显示？明明昨天晚上上架了的东西今天早上怎么就全都不见了？……

有些问题是可以打电话问淘宝客服的，可问题在于那些客服尽管态度好，但基本上不管用，因为他和客服好像在使用两种同样是中文发音的语言——谁都听不懂对方在说什么……

白哥拉不下脸对朋友说“算了，我做不了”，于是，跑到书店买书，找其他朋友问，连滚带爬折腾了10多天，终于把一个淘宝店折腾完毕，交给朋友使用。

事儿并不大，但设身处地想想，换做是你，你也会和他有一样的成就感（很浓烈的那种）。当我们有这种感觉的时候，就有同样强烈的“表达”欲望，不管叫它“分享”也好，“显摆”也罢。

白哥就是这么做的。他给另外两个好朋友分别打电话，给他们看他装修好的那个淘宝店，问“你看，怎么样？”两个朋友的反应几乎如出一辙，“嗯……淘宝店不都是这样的么？”说完觉得白哥多少有点失落，又一模一样地补上，“不错，真的不错。”

可是在白哥眼里，每个字体都是调过的，每个颜色都是深思熟虑过的，每个图片都是费尽心思编辑处理过的……

类似的情形你我都遇到过无数回。可事实上，在这样的经验之后获得教训的人并不多，尽管那教训无比重要：不要指望听众能够自动与你感同身受。

一个比较安全的策略是，作为讲者，我们可以这样估算：

一个让我十分惊讶的事情，也许听众只有三分惊讶。

一个让我十分赞赏的人，也许听众只有三分赞赏，甚至可能褒贬不一。

一个让我十分满意的东西，也许对听众来说很无所谓……

然后，为了做到让听众从三分变到十分，就需要讲者做各种各样的努力。比如，绝对不能只说什么东西好，而应该说清楚究竟怎样好，对什么样的人来说格外好，在什么样的情况下，无与伦比。

类似这样的小道理想清楚了，讲者就会自然而然地去做很多功课，否则就不会长进。不长进的讲者总是这样想："我都说到这份儿上了，还要怎么样么？"

小心听众的情绪

听众和你一样，是人。只要是人，就多多少少是感性的，他们随时会受到情绪的（严重）影响。

听众不可能完全理性，但很有可能完全感性。所以，一旦涉及有争议的话题，就要格外小心。

人类的大脑，通俗地讲，可以划分为三个层面：最底层是反射层（比如疼了会叫），而后是情绪层（比如看到枪会害怕），而后才是理性层（比如能够分析出生气没有意义）……

不是所有的信息都可以传导至理性层的。遇到有争议的话题时，有相当一部分人，信息传递到大脑的情绪层就已经开始产生生理反应了。

比如，如果你恰好讨厌中医，那么有些人听到你的这个立场的那一瞬间，情绪层就开始发挥作用，对你产生严重的厌恶情绪，而后，你所说的一切都几乎无法穿透那个厌恶情绪到达他的理性层。

再比如说，唐骏学历造假原本是铁板钉钉无需争议的事情，可是，偏偏有些人是讨厌方舟子的。于是，当这些人听到唐骏的事情之时，仅仅因为戳穿唐骏的是方舟子，于是，那股厌恶情绪可以阻挡一切信息传递到最后的理性层。

事实上，即便那些平日里相当理性的人，都可能有至少一个“阿喀琉斯之踵”。那个地方一被点中，负面情绪就可能瞬间获得全面控制权，进而整个大脑的理性层形同虚设。

一旦情绪层获得完全控制权，接下来的很多反应，基本上属于“生理反射”。

所以，在准备讲稿之时，不到万不得已，尽量不要触碰那些“火药桶”。

其实，在前文中提到中医和方舟子，对我来说都不见得是一定安全的——也许早就有一些读者在心里暗骂。

对讲者来说，最好不要引起观众的“鄙视”和“愤怒”。除非你自己可以做到极端地淡定。这一点上，这两年我见过的最好的讲者是范美中。他在与听众对话时的应对方式几乎是完美的——在那种巨大压力之下，平心而论，很少有人能够做到那样。

有很多的时候，听众会用很微妙的方式洞察到讲者的心理。

比如，透过前面的文字，读者会清楚我：1）崇尚理性；2）反对中医；3）不讨厌方舟子；4）很挺范美中……

除了第一个招致反对的可能性相对小一点之外，每一个都可能令我“失去听众”，甚至“树敌”。

尽管有时这是没办法的事情，但也恰恰因为如此，讲者必须小心听众的情绪。情绪就是讲台上的地雷，而讲者就是雷区的舞者。

把一切证据都准备好

只要开口说话，就有可能遭到质疑。

平日里跟朋友私下讲话的时候，往往可以通过信任解决疑惑。

A：“×××。”（说了个什么结论）

B：“嗯？你确定是这样的？”

A：“我昨天在某本书上看到的！”

B：“哦……那本书呢？”

A：“不会骗你的啦！明天带给你！”

B：“好吧……”

可是，一旦你在讲台上，讲的过程中，抑或讲完之后，随时都可能会有人打断你，提出他的质疑。而当你尝试着回答这些质疑的时候，只要证据不在手边，就很可能出现这种情况：哪怕你是对的，也没人相信你……或者至少不会所有人都相信你。

有一次讲课结束之后，有位学生上来问我说：“老师，您讲得不对！ ××老师说了，However这个单词不能放在句首！”

However不能放在句首？我的脑子里闪过的念头是：这是哪门子规则？万幸的是，我随身带着笔记本电脑，打开《牛津词典》，随手就找到一个例句：

People tend to put on weight in middle age.However,gaining weight is not inevitable.（人们在中年容易发胖。然而，发胖并不是不可避免的）

人就是这样的，有时候会被错误念头占据了头脑，而后对很多显而易见的证据视而不见。其实，当初这位学生听到这么个规则的时候，只要查一下词典就没有后来的尴尬了。但于我（讲者）来讲，这完全是不可预期的莫名其妙的质疑，幸亏有能够直观地证明给质疑者看的证据。

另外一次，我在台上讲到陈寅恪（kè）先生，台下一位听众不屑地说："那个字读què！"幸亏不是第一次遇到这样的听众，所以才从容相对：陈寅恪先生自己的英文签名用的都是"Yours sincerely Tschen Yinkoh"，所以，没道理把这个字读成què（见《陈寅恪集·书信集》中收录的一封写于1940年致牛津大学的亲笔英文信）。这些我不可能都记在脑子里，可是我在随身带的笔记本电脑上有笔记，可以随时调出来。

还有一次，我提到sloth这个动物，说"树懒这种动物……"，结果台下有相当数量的学生交头接耳，大致在说那个字应该读作"獭"（tǎ）。甚至有些学生脸上竟然露出鄙夷的神色。于是，我就打开《韦氏辞典》，给他们看这两种动物（獭是另外一种动物，otter）的图片，告诉学生，这种动物为什么被取名为"sloth"，以及把"sloth"翻译成"树獭"又是如何不正确。到最后，所有5分钟前曾经露出鄙夷神色的学生们满眼全是"原来如此"的表情。

我知道那些"脸上露出鄙夷神色"的学生，其实并不是故意冒犯我。只是，那一瞬间，他们不仅认为自己是对的，并且因为自以为是而体会着一种特殊的优越感——当然，这种优越感是无知无聊又无意义的。

类似的例子太多了。讲者越是新手，越是没有名气的普通人，就会更多地遇到这种情况。所以，一定要想办法提前为各种质疑作好充分准备，并且把证据全部准备好。这样会避免很多无谓的尴尬，同时也会因此拥有心平气和的资本。

sloth究竟应该翻译成什么?

这种动物的英文名称是“sloth”。“sloth”这个单词原本的意思是“懒惰”——《圣经》里提到的七宗罪之一。而这种动物之所以被取名为“sloth”，就是因为其行动异常迟缓。所以，在中文中把这种动物翻译成“树懒”(lǎn)是非常正确的。

而把“sloth”翻译成“树獭”，是完全没有根据的。“獭”与树懒根本不属同一科目，是与树懒完全没有关系的动物。

我很怀疑“树獭”(tǎ)这种译法是这么来的：某个“稍有文化”的人，在某次遇到“树懒”这种译法时，自以为是地认为，既然是动物，怎么可以用竖心旁呢?当然应该用犬字旁——所以就用了“獭”这个字。全然不顾otter其实和sloth一点儿关系都没有!

然而，一知半解、只知其一不知其二的人永远是多数，所以，“树獭”这种翻译竟然流传颇广。语言演化中有个很令人无奈的现象：长期误用或者广泛误用，竟然慢慢会被人们所接受(就好像“long time no see”已经在英文当中被普遍接受了一样)。所以，今天在少数的英汉字典中就同时给出两种译法：树懒，树獭。(请注意顺序；还好，到现在为止，我还没看到这种顺序的英汉词典：树獭，树懒。)

后来的某一天，跟同事说起这事儿，听到一则轶闻：

几年前，新东方的某个老师，跟我一样，在课堂上提到sloth这个单词，说“这种动物呢，叫树懒”。

结果当然是与我一样面对一片鄙夷的神色。

跟我不一样的是，这个老师没有像我那样去查对过资料，于是那一瞬间慌了，自己也不知道应该读成什么才对；进而在面红耳赤中竟然失态，与学生发生了严重口角。

事后，多名学生到管理部门投诉该老师。罪状之一当然是：该老师素质太差，竟然连“獭”字都会读错！

最搞笑的是，管理部门的人竟然也认为“树懒”的翻译是不对的，应该读作“树獭”。私下对那位老师严厉批评；对外呢，竟然以为这是不可外扬之家丑，把这事儿压了下来。

听完这件事儿，我竟然笑不出来（当然更不会“啼”）。

昨天一个同事看过我的这篇文章后，与我讲，他听到的另外一个版本：

那位老师在课堂上特别指出，“sloth”这个词很多人把它错译成“树懒”，其实这个词应该是“树獭”！

我说，“咦？也许……”

这位同事一脸坏笑，“也许，你听到的是第一次，我听到的是第二次……”

我喷！

4 说服即是博弈

契诃夫之枪

听说过“契诃夫之枪”么?

搜索中文“契诃夫之枪”，前几页基本上找不到相应的结果;而搜索英文“Chekhov’s gun”，第一个就是维基百科（wikipedia）上对这个概念的解释。

· “契诃夫之枪”指的是一种文学技巧：在故事早期出现的某一元素，直至最后才显现出它的重要性。

这个技巧的名字来自于俄国大作家契诃夫说过的一句话:

· 在故事开头出现过的物品一定要在后来用到，否则，它压根就不应该出现。

比如，在一部影片的开头，镜头扫过墙上的一把收藏用的古董枪，到影片结束的时候，它应该发挥作用，比如，出其不意地用它干掉手持火箭筒的大坏蛋；否则，这杆枪压根就不应该出现在镜头中。

讲相声的人把这个叫“抖包袱”。不过，相声中，全部的目的只有一个：逗笑。而契诃夫之枪却不一定是为了逗笑，而是为了整体效果。

一场讲演跟一部电影、一部小说在某种意义上没有什么不同——因为它们都追求效果。

讲者应该绞尽脑汁为自己的讲座造一个“契诃夫之枪”。制造方法是“倒过来想”：

- 什么内容会令听众跌破眼镜？或捧腹大笑？或感到震撼？（效果有很多种，逗笑只不过是其中的一种而已。）
- 为了引出最后的结局，需要做哪些铺垫？
- 我如何用“不起眼”的方式把这些线索讲出来？
- 我又如何让听众不知不觉记得这些线索？

我自己在讲课的时候，常常费尽心机去设计，去运用这个技巧。听过我讲写作课的学生有过体会。刚开始他们听我讲“并列、递进、转折”的时候，他们并不知道这个东西有多么重要（谁不觉得这是自己很小就已经“熟练掌握”的知识呢？），然而，随着课程的深入，他们惊讶地发现用这些之前看起来“无比简单的东西”，现在竟然可以造出那么惊人的效果……这一瞬间，“契诃夫之枪”奏效了。

尽管这是个人人都能使用的技巧，却不是件容易的事情，需要大量的实战，才可以运用自如。但，现在你毕竟知道了，于是就有了新的起点，新的境界。

制造效果的另外一个小技巧：重复

一般来说，人们讲话的时候，会有意避免重复——重复往往被认为啰唆。然而，恰当地使用重复或者说“反复”，是制造效果的重要技巧之一。

写在书里，可能效果并没有那么明显，但是如果在一场讲座中，“相信我，你并不孤独”，这句话在重复三五次之后，就会开始出现戏剧性效果。

当我讲了什么事情，第一次证明“相信我，你不孤独”的时候，听众可能只是产生了所谓的共鸣，并且，请注意，只是部分听众产生了共鸣。

相隔几分钟或十几分钟，在听众还没有意识到“相信我，你并不孤独”这句话有多重要，并且现在已经基本上不记得刚才听过这句话的时候，我又用一个什么别的事情再次证明“相信我，你并不孤独”，这时候，毫无疑问，

- 产生共鸣的人更多。
- 而上次已经共鸣过的听众，开始产生更多的认同。
- 少数人已经开始有“惊喜”的体会。

再过一段时间，又在一个听众觉得“出其不意”的地方，我又一次证明了“相信我，你并不孤独”这句话的时候，这句话其实已经牢牢地根植在听众脑子里了……

之后再隔一段时间，如果我再讲了什么事情之后，说，“相信

我……”，而后故意停顿，不说话，那么两三秒之内，听众就会反应过来，甚至开始“情不自禁”地帮我补全刚才的那个句子：“相信我，你并不孤独。”

到有听众自动帮你补全句子的那一瞬间，某种意义上，你已经“赢得”了听众。因为他们只能在认同并牢记这句话之后才可能做出这样的行为。

这就是重复的力量。

这种技巧，是那些讲故事高手常用的“伎俩”。有时，甚至一些完全与主题无关的元素都可以拿来重复，而后令听者产生挥之不去的印象。

一个比较经典的应用是动画片《冰河时代》。影片一开头，有一个松鼠，弄开一个裂缝……之后，整部影片里所讲述的故事和这松鼠竟然全无关系……影片结束的时候，那个松鼠又出现了，又弄出一个裂缝……很多观众热热闹闹地把整部电影看完，什么都没记住，只记住了那个松鼠……

设计这种重复的要点包括：

- 元素要简洁明了。（应用到讲演中，要注意语言的韵律。）
- 有趣。
- 每次重复都最好有哪怕那么一点点的新意，一点点的意外。
- 重复之间要有足够且又不能过长的间隔。

这些要靠应用者自己接着琢磨、领悟。

让语言生动起来

很多人相信有“语言天赋”这回事儿。我相信那并不是天赋，只是多年的积累而已。然而，我自己像大多数人那样，并没有机会从小就有足够多的积累机会，乃至于“毫无天赋”。

然而，这并不意味着说我们这些“没有语言天赋”的人就没希望了。

而且，学会使用生动的语言一点儿都不难。这事儿跟学会系鞋带差不多——只需要挣扎一小会儿，而后受用一辈子。

技巧很简单：在关键的地方弃用形容词。

比如，你想向听众传达“如果用这种搜索方式，那么返回的结果就会太多了”这种意思，你完全可以不用“多”这个形容词，而是直接描述究竟有多多，多到什么地步，那么多的结果究竟是什么……

“如果你的搜索关键字太过含混，搜索引擎实际上就会失去作用。如果你搜索的是‘如何学英语’，那么谷歌在0.29秒之内就会返回17,400,000个结果。174后面接着5个0！对于这样的天文数字我们普通人往往毫无概念。那让我们换算一下：如果一页显示的是10个搜索结果，也就是说总计有1,740,000个搜索结果页面；就算你可以做到一目十行（在一秒钟之内看清十行的内容），就算载入网页的时间为零（网速那么快是我们的理想），那么你也需要1,740,000/60，即，29,000分钟，即，483个小时，即，20多天的时间才能读完这些搜索结果的标题……你觉得我们有足够的生命如此挥霍么？”

我个人是通过读英文书学会这个简单的技巧的。

有一本我格外喜欢的书，《本能：为什么我们管不住自己？》（《Mean Genes - From Sex to Money to Food : Taming Our Primal Instincts》），作者的语言格外生动，而他们主要使用的技巧就是这个——事实上，几乎所有国外的畅销书作者好像都擅长使用这个简单的技巧，好像他们都上过同样的培训班一样。

他们不说“男人每次射精，精子的数量很多……”，而是说，“一小勺的精液里含有的精子足够让每一个北美的女人都怀上孩子。”（“A tablespoon of human semen contains enough sperm to fertilize every woman in North America.” Page 143。）

他们不说“六合彩中头奖的概率太低了……”而是说，“一个人从床上掉下来竟然被摔死了的概率都比这个高九倍。”（“A person is nine times more likely to die by falling out of bed.” Page 85。）

事实上，不见得一定是形容词可以被这样“改头换面”，每一项重要内容都值得如此“焕然一新”。我个人认为这个与“语言天赋”无关，或者说这是在用错误的概念描述错误的重点，跟中医用“上火”去解释喉咙痛的原因差不多。其实，这只是一种思维方式而已。这是每个人都能学会的东西。

新手最难掌握的重要技巧：停顿

很多事情是互为因果的。比如，新手很紧张，所以语速就不由自主地加快。与此同时，语速加快本身会让讲者更紧张——保持很快的语速本身就很难，因为语速快意味着必须增加信息密度才至于被认为废话连篇。于是，语速越快越紧张，越紧张语速越快……

· 放慢语速，是我给新手的最重要建议之一。

当然这并不意味着说“越慢越好”。而是，该慢的时候就要慢：比如需要听众仔细思考的时候；比如向听众介绍新的概念、理念的时候。而该快的时候就要快：比如介绍一些必要的但大多数听众都了解的信息之时。然而，“该怎样就怎样”并没有那么容易实施，因为难度在于新手很多的时候难以分辨究竟在什么样的情况下该怎么做。分辨哪些概念或者理念对听众来说是新鲜的还是熟知的，并没有那么容易，分辨哪些信息需要听众费心思考同样没那么容易。这些都需要不断实践、观察、揣摩。

不过，即便以上的建议实施起来有一定的难度，但比起“学会停顿”来看，实在是简单极了。我见过无数“老手”经过许多年的实战都依然没有学会停顿，当然也因此从未体会过停顿的好处。

在讲座现场，有时你会见到这种场景：

明明已经有听众开始鼓掌了，可偏偏讲者并未停顿，自顾自地讲下去，那原本可能会很热烈的掌声，生生被讲者接下来的话给“压”了下去。我从未遇到过讨厌听众掌声的讲者。甚至没遇到过声称讨厌掌声的讲者。某种意义上，为了发挥影响力，讲者需要掌声，甚至应该主动制造掌声。可为什么偏偏经常出现相反的情况，很多讲者会在不知不觉之间“扼杀”掌声呢？

这是一场讲者自我心理素质的较量。很多的时候，讲者已经达到了那个爆发点，可是他并没有自信，所以才“不敢”停下来而已。当那个爆发点到来之时，讲者不妨停下来，不做任何动作，在心里默数“1、2、3、4、5、6、7……”

默数七秒钟的结果无非两种情况：有掌声，没有掌声。有掌声，就静静地站在那里等掌声结束，没有掌声，就若无其事地讲下去。对讲台上的新手来说，七秒钟很长，长到像亲眼盯着种子开始发芽直至长成参天大树一样。然而，这只是错觉。听众的感觉并非如此，七秒钟是听众绝对可以忍受的停顿，甚至，大多数听众不会把七秒钟的停顿算作停顿。

接下来的关键就是要去研究听众究竟会为了什么鼓掌？你讲什么样的话，以什么样的方式说出来，听众必然鼓掌？找这个爆发点的技巧，依然是可以习得的。

最好的互动方式——让听众思考

很多人误以为“与听众互动”，就是与听众有问有答，“互通往来”。其实，那只是互动的形式之一，而且还可能是最不重要的形式。

· 最好的互动方式是想尽一切办法让听众思考。

在沟通过程中，恰当使用类比，是最好的“激活听众思维”的方法之一。所谓的类比，就是我们为了说明并不完全了解的X，去找一个听众全然了解的、但各个方面都与X非常类似的Y，借助Y让听众通过对比深入了解X。

比如，在之前讲到“让语言生动起来”的时候，有过这样一段话：

事实上，不见得一定是形容词可以被这样“改头换面”，每一项重要内容都值得如此“焕然一新”。我个人认为这个与“语言天赋”无关，或者说这是在用错误的概念描述错误的重点，跟中医用上火去解释喉咙痛的原因差不多。其实，这只是一种思维方式而已。这是每个人都能学会的东西。

当讲者运用恰当的类比之时，听众所耗费的脑力是不一样的。听众坐在下面好像没做出什么动作，可是脑子却必须转动才能领会那个类比：他们会回忆Y是什么样的，然后再拿它去比较X，在比较之后发现惊人的相似之处之后还要反复品味……

如此这般，听众的思维被恰当地激活了。注意“恰当地”这个词。

事实上，很多讲者害怕听众“独立思考”。因为一旦激活了听众的思考能力，就可能引发各种各样所谓“不必要”的质疑。这原本是讲者自身的问题——谁让你说的话有漏洞了呢？可是讲者在台上已经来不及补课，所以，大多数讲者最怕听众独立思考。

而另外一方面，激活听众的思考能力也确实会给讲者带来另外一些负面的挑战。比如，听众的思考被激活之后，并不见得一定会把那思考能力运用到当前所讨论的问题上。他们会“溜号”“走神”，甚至“胡乱联想一气”——这些事实上都相当影响现场的效果。

不过，如若讲者使用类比激活听众的思维，并不断用类比去驱动听众的思维，那效果就很不一样：因为这时听众的思维很难脱离轨道。实践证明，类比是最好的令听众“注意力集中”的手段。类比也是最好的互动方式之一，因为本质上来看，类比是在“邀请听众思考”，并最终通过讲者所提供的精妙的类比，获得思维的快感。

好的类比往往得之不易。需要长时间思考、雕琢，才能达到惊人而又准确的效果。对于讲者来说，平日里不断创造、积累、雕琢精妙的类比，比收集笑话重要多了。

向听众提问时要注意什么？

讲者时不时会问听众一些问题，并希望得到一些回应。然而，新手在提问的时候，常常会出现“冷场”的情况。这种情况往往并不是因为听众不配合，而是因为新手问问题的方式有误，进而导致听众不知道该如何回应。

最明显却也相当常见的错误是把设问当作提问。所谓设问，就是不需要对方回答的问题。可是，经常有新手会把这些原本应该由自己回答的问题甩给听众，导致尴尬。假设在时间管理讲座中，我要是这样问：“大家知道我是如何管理时间的吗？”并且在提问之后竟然停顿下来等听众的回应，那我就是愚蠢的，现场一定很“冷”。因为这明显只能是设问，并且是没必要提出的设问。在我讲出答案之前，听众是没办法知道具体答案的，而更为重要的是，听众原本就是来听这个的，我又何必设问呢？直接说就是了。

另外一个常见的重要错误是讲者误以为他们应该“难倒听众”——听众来到现场又不是参加考试。千万不要以为用一两个问题难倒一部分听众能够证明讲者自己的智商。就算讲者能够难倒所有的听众（这几乎做不到），而讲者又以此为最终目的的话，得到的肯定不是自我证明而只能是听众的反感。就算讲者有时必须难住听众，那只是手段，而不是目的。讲者必须通过这种手段向听众证明点什么，提供个意外却又有效的解决方案，让听众习得过往并不知晓的道理。千万不能把手段当作目的。

还有一个常见的尴尬是讲者问了一个“三岁小孩都能回答”的问题，乃至于听众觉得回答这个问题本身就是在侮辱自己的智商。大多数时候，这是因为讲者自己水平低下造成的，讲者觉得这是个很大的问题，听众却觉得这是常识——于是就会让听众觉得讲者很幼稚。这没什么别的办法，只能通过自我成长来弥补。

而最为普遍的错误是，提问之时，没有把前提范围讲清楚，乃至于听众不知道该如何作答。很多的问题，在不同的情况下，有不同的答案。比如：“你是喜欢在大公司工作呢？还是喜欢在小公司工作？”这种问题的答案其实只有一个：看情况。至于看什么情况，一千个人有一千种情况……如果你问的是这样的问题，你叫听众如何作答呢？

更为尴尬的情况是，讲者提出了一个问题，却得到一个自己之前从未想象过的答案。由于之前从未考虑过，在讲台上又没有足够的时间“深思熟虑”，于是，新手一不小心就会在这种情况下乱了阵脚，引发无穷的尴尬。所以，讲者在准备提问的时候，一定要提前做好功课。

· 我有必要问这个问题么？

· 这个问题是不是所有的人都知道正确答案？

· 问这个问题的目的是什么？

· 为了能够让听众清楚地回答这个问题，我应该提前交代哪些前提，讲明白哪些范畴？

· 针对这个问题，听众可能都有哪些反应？针对这些答案，我又应该如何回应？

· 我是否把回答这个问题的所有可能性都想到了？

· 有没有哪些答案是听众不可能想到的？

· 那些听众想不到的答案究竟能够说明什么？

有时，这些看起来简单的问题，自己并不见得能够想清楚。可能需要先拿身边的朋友做做试验，收集各种各样的回应，而后再反复琢磨才行。

5 学会讲之前先学会听

证明他人错误≠证明自己正确

一般来说，所拥有的专业级知识量越少的听众，越听得进去“一面之词”，而所谓的全面分析，往往只能使他们更加迷惑而已。在几乎所有的场合，这种听众的数量都可能超过50%，甚至更多。只有那些拥有足够多专业级知识的人，才能在众多并不相容的立场里，依然保持自己的思考，作出自己的判断，最终尽量不受外界影响（包括讲者所说的话）地选择自己的立场。这种听众究竟有多少呢？“百里挑一”都很可能是乐观估计。

正是因为如此，在讲述那些有争议的话题之时，一定要清醒地意识到这个原则：

- 证明他人错误≠证明自己正确。

——哪怕，在那些“非此即彼”的情况下，也尽量不要触犯这个原则。

在教科书里，我们经常看到作者在讲解一个正确观点之前，总是总结过往的若干种错误观点，并逐一指出那些过往观点的谬误之处。于是很多讲者不由自主地认为“先指出别人的错误”是“天经地义的说理方式之一”……

然而，有一些要点需要注意。首先，既然是“教科书”，它就已经占据了权威的地位（使得它不那么容易遭到质疑）；其次，教科书里所批判的所谓的错误，往往是“按照现在的标准必然是错的”；最后，读者在大多数情况下是没办法“当面质疑”作者的。

而作为一个普通人，在台上不大可能拥有“教科书”一般的权威地位。另外，所谓的争议不大可能已经有了确定的是非判断——如若有的话，那就不再是争议了。

作为讲者，站在台上，必须时刻提醒自己，自己是在对一群人说话。这群人不一定与你存在共识，无论在哪一个层面上都可能有非常大的分歧。有时，被你认为毫无疑问的是既定事实的那些东西，在他人眼里还真的不一定。这样的例子太多太多。

我敢打赌如若你在一个超过一百人的场合里猛烈抨击血型、星座等这种你认为纯属瞎扯的理论，一定会有人“愤而离场”。这些还不算是大火药桶。要是你大讲特讲“食疗很无聊”，那么一定有人站起来与你争辩……事实上，有些时候那些争议的杀伤力会让你格外惊讶。比如，五笔这个话题，在我触碰它之前，从未想过竟然会有这么强烈的“反馈”。

我并不是说“为了讲演效果，有时不应该讲真话”。“证明他人错误≠证明自己正确”的意思是说，为了达到预期效果，还不如把时间精力放在“证明自己正确”上，而不是放在“证明他人错误”上。

我自己做过无数次实验。我认为“听写是最愚蠢的练习听力的方法”，我认为“应该通过跟读/朗读提高听力”，起码有以下三种方式可以向听众表达我的观点：

· 先证明“为什么听写是最愚蠢的练习听力的方法”，再讲解“为什么应该通过跟读/朗读提高听力”。

· 先讲清楚“为什么应该通过跟读/朗读提高听力”，而后再证明“为什么听写是最愚蠢的练习听力的方法”。

· 只讲“为什么应该通过跟读/朗读提高听力”。

尽管我没办法像美国大学里的那些心理学家们那样设计精确的实验环境，但我可以用个粗糙但确实能够说明一些问题的方式：

每次讲过之后，都要求在场的学生向我连续三周发送Email，汇报他们在此期间的学习记录——当然，我无法下达强制的命令。所以，无论如何，都不大可能有半数以上的学生真的按我的要求给我发Email汇报。而那些发Email的学生之中也有很多并不会真的连续发三周——但是，无论如何，总是有人给我发Email。

我想你应该能猜到大致的结果：

· 当我使用第一种方式的时候，（平均）有10%左右的学生给我发Email汇报。

· 当我使用第二种方式的时候，差不多有15%左右的学生给我发Email汇报。

· 当我使用第三种方式的时候，竟然有25%左右的学生给我发Email汇报！

尽管暂时无法证明，但我个人很怀疑当我“证明为什么听写是最愚蠢的练习听力的方法”之后（哪怕事实上我确实证明得完美无缺），有些人可能仅仅因为莫名其妙的“逆反心理”而去“试试听写到底行不行”。

创业说

这种貌似不可思议的心理实际上非常普遍。《英雄》上映之后，很多人花钱冲进电影院的理由就是“我就想看看它到底有多烂”。

所以，在讲者时间有限，听众精力有限的情况下，专注于“证明自己正确”而不是“证明他人错误”，是个相当实用的准则。

慎用名言警句或其他陈词滥调

新手喜欢使用名言警句为自己的讲话增色，殊不知，那不过是所谓的“拉大旗作虎皮”，或者“画蛇添足”而已。因为如果你的观点已经有了足够的支持，没有那些名言警句也依然是正确而又雄辩的，如果你的观点本身站不住脚，用再多的名言警句来佐证都是白费气力。而如若你的观点本来就是对的，那么，用名言警句作为支持，本身就是画蛇添足。

作为听众，最讨厌的是那些在台上“拉大旗作虎皮”的人，因为“拉大旗作虎皮”本身就是心虚、底气不足的表现。可有些新手却可能会误以为自己在“引经据典”，以为自己这么做会使自己的讲演大放异彩。

事实上，这并不是在说“不要使用名言警句”。我们经常看到很多高明的讲者在讲话中运用名言警句能获得不错的效果。只不过很多人没注意到，那些高明的讲者从不“用某个名言警句证明自己的观点”，而是“用某个事例（包括自己的经验）证明某个名言警句的正确性”。

这是很不一样的。“用名言警句证明自己的观点”甚至“仅用一两个名言警句证明自己的观点”之时，听众听到的实际上并不是讲者的声音，而是那些名言警句原作者的声音，是那些听众无比熟悉，无需再让讲者重复一遍的声音。

再仔细注意一下就会发现，那些高明的讲者在“用某个事例（包括自己的经验）证明某个名言警句的正确性”的时候，整个谈话的重心其实也不会在那个名言警句上。他们往往只不过是从某一侧面证明或提及某个名言警句而已。并且，他们往往会把那些名言警句的意义延伸开来，试图引出一些新意。

俗语、成语、名言警句这类东西，生搬硬套过来，效果往往并不好。倒是有个技巧去处理这些大家“耳熟能详”的话语——反其道而用之。钱钟书先生就擅长这么做。他说的一句可以作为这种技巧的范例的话是：

· “狐狸对采摘不到的葡萄，不但想象它酸，也很可能想象它是分外的甜。”

这是个小伎俩，但往往有大用处。

换一种说法

人们都讨厌“陈词滥调”。但是，有很多的时候，那些陈词滥调所讲述的却是非常实用的道理，要不然怎么会“陈”呢？因为一直以来人们就从各个角度各个层面都遇到过同样的问题。“词”本身没问题。只不过那些道理被太多没有创造力的人重复，被太多没有深入思考的人将其过分简单化，全都一个“调”，最终，它们“滥”了。

所谓的文字高手，最擅长的可能就是把同样的意思用新的方式说出来。姚若龙就是这样的高手。情话早已被地球上的人说了亿万兆遍，“我爱你，你爱我吗？你不爱我我也爱你……”就算无聊，情话却不可能不说。偏偏姚若龙先生能这么说：

- “我能想到最浪漫的事，就是和你一起慢慢变老……”

看着容易，做着难。这往往需要绞尽脑汁。

例如，我希望向学生传递一个重要的道理：你们要多背文章。因为：

英文记忆力的强弱，几乎影响整个托福考试每个部分的成绩。听力考试中已经不用再多说；口语考试、作文考试中都有“综合测试”题目，英文记忆力差的话，记都记不住又如何完整复述呢？而复述完整，是所有综合测试——不管是在口语部分还是在作文部分——中的最基本的要求。在阅读考试中也是如此。很多学生的根本问题并不是所谓的“阅读速度太慢”，而是，“读完了却记不住”，做题的时候又“回去找，找不到”，甚至“找着找着竟然忘了应该找什么”……

那些英文记忆力强的学生，在考场上不仅做题做得对，并且做得轻松，因为很多的时候，他们看到一些错误选项之后根本无需回到文章中验证——他们记得清清楚楚，这个选项所说的内容明明与文章相反嘛，怎么可能选它呢！

可问题在于，“要多背”这三个字，早已被无数的老师前赴后继地讲过，均以失败告终；要不然，怎么会有这么多人学英语这么多年之后，被问起“你有没有大段大段地背诵过英文文章”的时候，诚实的回答只能是：“没有，一篇、一段都没有呢。”

所以，我再重复一遍“同学们，一定要多背啊！切记！切记！”几乎肯定是没有任何效果的。

那怎么办？

我觉得，作为一个正常人，起码应该有1K的内存。就算CPU再好，内存不够的话就很容易死机。你智商再高，却记忆力低下，就什么都干不了，只能发呆。1K的内存配置实在是最基本的要求。1K是1024字节，能够存储1024个英文字符。平均每个单词8个字母的话，能存储128个单词；平均每句话12个单词的话，算上标点符号，大约能存储10句话……一个段落的容量大抵上也就如此。你们想想吧，我这个要求算不算高？就你那个所谓的“智能”手机，千儿八百块钱的东西而已，已经有1G、2G甚至更多的存储容量……你自己整天对自己说“我是无价的！”却连1K的内存都没有，这有点过分了吧！

嬉笑之间，我已经把重要的道理植入了听众的脑海，且从未遇到抵触心理。

记录听众的反应

在讲话的时候，如果你不尽力，听众就不见得能够做到自动与你感同身受。而当你讲某些话，或做某些事的时候，听众的反应常常超乎你的想象。

你以为听众会笑的时候，他们可能毫无反应，然而，他们可能会在你完全想象不到的地方爆笑。你以为听众会感受到强烈共鸣之时，他们可能表现出来的却是迷惑；在某一场合曾经给你带来雷鸣般的掌声的话语，在另外一个场合很可能给你带来的却是鸦雀无声……

印象中有一次我在台上为刚刚讲过的一个故事顺嘴加上了个评语：“成熟的男人懂得如何让别人舒服。”万万没想到的是这句话引来的先是爆笑，而后竟然还有热烈的掌声。台上的我暗暗愣了一下才反应过来——大概是因为这句话被理解为一个聪明的双关。事后我仔细回忆了一下当时的情况，又仔细从各个角度体会了一下这个句子的各种可能的意味，然后把这句话变成了几乎可以随时用来获得听众“会心一笑”的东西。

在讲演结束之后，如若有听众愿意与你交流，那是难得的机会。记住，听众的所有提问，都是你刚才说过的话所引发的。讲者如若对这一点心知肚明，那么之后才可能做到心平气和。

创业说

有些人不懂这种机会的珍贵，往往误以为听众是在误解他，于是就把之后的交流变成了争辩。

用一切可能帮助自己的辅助手段记录听众的提问和反应。他们的提问是对你刚刚在台上的演讲作出的反应，他们听过你的进一步回答还会有各种各样的反应。有时，用纸全记录下来就够了，有时可能需要有录音笔才够。有了智能手机之后，经过朋友的推荐，我开始频繁使用Evernote[1]作为随身携带的记录工具，非常方便。

古人说“文章本天成，妙手偶得之”，这句话从某个层面上说明了偶然和意外的价值。对每个人来说，“意外收获”其实随时都可能出现。只是大多数人并未意识到，以为那是自己不能左右的事情。事实上，有另外一些人，通过不断强化自己所谓“留心”的能力，能够捕捉到更多的意外和偶然可能带来的价值。

另外一个更有用的实践是平时观察一切人对一切话语的反应，无论那话是不是你说的。时间久了，观察得多了，你就有能力观察得更加仔细，有能力捕捉到各式各样别人可能体察不到的微妙而又细小的反应。尽管他们不是你的听众，但将来的某一天，坐在台下的听众，就是由拥有同样特征的人组成的，他们会给出同样的反应。

在台上最具魔力的事情就是，在你说了些什么之后，仔细而又清楚地逐一应对听众对其可能产生的各种反应，无一遗漏，连那些听起来最不可能但又合情合理的反应都提及到。这不仅会使听众折服于你的“缜密而又全面思考的能力”，更重要的是他们之中的相当一部分会不由自主地在脑子里闪过“他怎么知道我这么想”。

有什么比遇到知己更令人愉悦的呢？

---

[1] Evernote，印象笔记；一款多功能笔记类应用。

6 废话的意义

废话！废话？

新手往往误以为很多话“没必要说”，因为觉得那是“人尽皆知的废话”。与此同时，当讲者把一件事情的方方面面透彻地讲清楚之时，听众之中有一部分会认为讲者“废话太多”——因为很多事情作为听众的他们认为“没必要说，因为谁都知道”。

我们在讲话的时候，一定要传递有根据的结论。结论是否可以被接受，要看根据是否合理、充分，这好像是显而易见的。然而，判断根据是否合理、充分，很大程度上依赖听者的信息和知识的储备，甚至他们的情绪控制能力和理性思考能力。

平日里与朋友交流的时候，由于双方相互熟悉，所以，有很多实际上非常必要的根据，事实上被省略掉了——因为知道对方已经知道，所以没必要再重新讲述一遍，无论对谁来说，时间精力都是有限而又宝贵的。甚至，平日里交谈，我们往往只说结论，至于根据么，只需要一个“你懂的”表情就可以了……

然而，在台上讲话，台下的听众有很多人，我们没办法一一了解每一个听众的信息量和知识储备，以及他们各自的情绪控制能力，以及他们的理性思考能力。所以，如若听众什么都知道，哪怕只说一句话那都是废话；如若听众什么都不知道，尽管理应是最安全的，但是依然会被认为废话连篇。

有位学生这样评价我的课：

“最好能找到李笑来的讲义，他的作文讲得确实不错，虽然废话比较多，人也比较傲，脸也长得像茄子，但是他的课确实能让你的作文水平突飞猛进。”

她认为我讲课“废话”比较多，为什么呢？因为有些（显然，她认为“很多”）内容对她来说是“已知”的——她认为我没必要讲，而她也没必要听，因为太浪费时间。可问题在于，我作为讲者，没办法清楚地知道她那个已知未知、必要不必要的边界究竟在哪里。更严重的问题在于，台下不止她一个人（我甚至不知道她坐在哪里，就算我能够把听众大致划分为几个群体，也没办法确定她属于哪一个群体）。而关键又在于，我要把结论传递给每一个人，于是就要把每一个人或者所属的群体必须知道的、能够理解的根据清楚地讲出来……

所以，总是有“废话”，必要而又必需的废话。

这也是为什么那些有经验的讲者在台上总是从若干个角度阐述同一个问题的原因，也是那些作者为什么在书里总是要举若干个例子证明同一道理的原因。

在日常谈话中，我们没必要这样，但是在当众讲话的时候，为了能够更好地传递那些有根据的结论，就只好多少冒一些“可能被认为在讲废话”的风险。

成为能说那话的人

也许你早就注意到那个极为常见却又几乎总是被忽略的现象了：明明是同样的话，你说出来就不像那回事儿。

每一句话，其实都是有所归属的。

“赶紧睡觉！”通常只有父母对不太听话的小孩子说。“好好干！”一般是长辈或领导说给新人听的……在更为细微的地方这种归属造成的扭曲感更为严重。比如，你如果不是班里学习最好的那个，那么你大讲特讲学习方法，很多人会不屑于听你说话。再比如，如果你不是公认最冷静最善于思考的那个，那么你把想法说出来很可能就算是对的也会被低估。

一般来说，你可能获得的建议是这样的：得知道什么话能说，什么话不能说。这个建议的意思是，你要根据你的情况选择你能说的话、该说的话，你说出来别人能听的话。

然而，更为有效的建议尽管看起来与上面的建议差不多，实际上却有着天壤之别：通过努力、通过积累成为能说那话的人。这个建议更有效，因为它相比前者更为主动，更为长远。没有人从一开始就拥有一切，生活中的绝大多数东西都要靠努力去争取才能获得。

很小的时候，我父亲教我，一定要想办法做出令人敬佩的事情，这样的话就会有人主动找你做朋友。当时并不懂这其中的道理，都过了三十多岁才知道，一直按他说的去做所带来的巨大好处。赢得尊重是最不能急于求成的，绝对不可能靠临时抱佛脚。因为每个人都有足够的观察能力，并且，这些人还会相互沟通，互通有无，于是，群众的眼睛是雪亮的……尊重只能靠积累获得，这是铁律。

有时，你明明知道你说的就是对的，可是还是没有人听得进去。绝大多数人遇到这种情况会多少有些失落，甚至感到愤怒，可事实上，这往往只说明一个问题，他们还没有赢得足够的重视。

· 没有人会像你自己一样了解你自己，也没有人像你自己一样关注你自己。

所以，每个人其实都会多多少少高估他人对自己的重视程度，又会因为这个结果进而低估他人的评估能力。要知道，重视和尊重往往来得要比自己想象的晚许久许久。绝大多数人因为不懂这道理，于是总是处于“等不及”的状态，反而弄巧成拙，一辈子都不可能获得哪怕是一点点的重视，更不用提什么尊重。

对于那些能够听得进去并肯认真思考这个貌似简单的道理的人来说，“话说出来之后有没有人听”是个极为有效的自我评估标准。有人听，你知道你自己处于什么状态了；你说了，别人却充耳不闻，甚至有（对你来说意外的）异常反应，那就说明你积累得还不够。那就接着攒罢。我一直觉得“攒人品”的说法不仅仅是有趣的，事实上还是相当精巧的。

7 没有耐心，一切都不可能发生

什么时候说结论

当我们说理的时候，无非是用根据支持、说明结论。不过，因为我们不可能把话一下子全部倒出来——毕竟要一个字一个字、一句话一句话地说完——所以，有两种方式说理：

- 先说结论，后说根据。
- 先说根据，后说结论。

应该根据什么去选择呢？

要看那结论与听众（听者）已有观念相左的程度。如果那结论是听众容易接受的，或者说与听众的已有观念比较接近，甚至一致，那就应该选择“先说结论后说根据”。这样，接下来的过程中，“说服”的成分就少一些，甚至没有，更多的是“说明”。

由于讲者所讲与听众已有的观念基本一致，尽管听众容易接受，但也恰恰因此容易走神。人就是这样，一旦确信正在输入的信息是“已知”的，就会放弃继续处理。甚至，在确认正在输入的信息与“已知”的信息近似的时候也会如此——尽管很多的时候，最重要的很可能是那“一点点的区别”。在这种情况下，为了让听众注意力集中，甚至感觉有所收获，讲者最好提供听众原本可能并没有想到的例子、理由，或者起码从另外一个原本不那么“普通”的角度去阐述。

从另外一个角度看，如果讲者所讲与听众的已有观念完全一致的话，其实讲者是没必要讲的（当然，很多鼓动性演讲的目的就是引发共鸣）。很多的时候，讲者之所以要讲，恰恰是因为他所讲与听众的已有观念不一致，讲者需要、也希望改变些什么。

而一旦讲者确定自己所讲与听众的已有观念不一致，甚至截然相反，却又必须要说清楚，那么，最好采取“先说根据，后说结论”的方式。

理由很简单：一旦遇到与自己已有观念相左的信息，人们往往会不由自主地进入“排斥”状态，而非“接收”状态。人一旦进入“排斥”状态，他们在理解信息的时候会得到不同的结果——“排斥”就好像一副墨镜一样，使一切信息变色。这种状态下，人们会关注一切“可疑”之处，用来证明自己已有的观念是正确的，无需改变的——尽管他们的实际动作是在证明讲者所讲是不可信的……极端的情况下，一些听众甚至会干脆离座而去。

仅仅是顺序差异，却可能带来效果上的巨大不同。如果讲者注意到了这一点——这是很重要的一点——那么，最终会发现另外一个重要的现象：当讲者把所有的根据讲清楚之后，甚至没必要一定把结论说出来——因为很多听众已经顺理成章地得到了结论。

没有耐心，一切都不可能发生

所有听众都期待被讲者的激情所感染。事实很残酷，大多数人的生活就是没有激情的——可每个人都需要，至少觉得需要它。

几乎所有关于演讲的书籍都建议说“一定要有激情”，要“用激情感染听众”，诸如此类。可是，声音再激烈一点，动作再夸张一点，就“显得”有激情了吗？

事实上，激情是装不出来的。因为对一个人来说，激情其实是被动的，是被其他东西所驱动的，不可能自动获得。

TED演讲平台上有一段本杰明·桑德尔[1]的演讲，看过之后就会知道什么叫真正的激情。

本杰明的激情来自于他对古典音乐的热爱，更来自于他强烈的激发他人的愿望。他有很多“一定要讲给别人才行、不讲就很没有存在感”的话，他有“让身边的人眼睛闪亮”的愿望……更为重要的是，他有能力让人们眼睛闪亮。不仅仅是因为他表情生动、声音富有感染力、动作夸张——这些其实不是原因，而是结果。

最为关键的是，他毫无保留地相信自己的所作所为、所想所讲——再说一次，这不只是他有激情的原因，更是他长期思考实践

[1] 本杰明·桑德尔：Benjamin Zander，波士顿爱乐乐团常任指挥，并在新英格兰音乐学院任教三十余年。

带来的结果，而这结果，最终使得他激情四射，光芒万丈。

激情可能的顺序大概是这样的：

- 找一件事情做。
- 把它做好。
- 在做它的过程中思索它的意义。
- 因为能够赋予它超凡的意义，所以就有热情将它做好到极致。
- 把任何事情做好到一定程度的时候，人就会有强烈的欲望去分享。
- 这种貌似天然形成的分享愿望，会使一个人有着强烈的感染力。
- 而被感染的人群会反过来使分享的人充满所谓的激情……

本杰明举的一个例子特别好：八岁的孩子弹琴是什么样子，九岁、十岁的孩子，在其他人都放弃之后接着再练一年的分别是什么样子……在分别演示之后，他再讲解其中的机理：刚开始是每个节拍都发力，而后是每两拍发力，再后是每四拍发力，最终是“一切都连起来”……刚开始的时候当然每个环节都需要集中精力才能把握，熟练一点之后就可以“一次把握多个环节”，最终，一切都融入到自己的“骨子”之中，于是，自然达到另外一个境界。可这过程就是耗费时间的，没有耐心，一切都不可能发生……

后记

这点东西万一对谁有用呢

我对天发誓，这本书里提到过的每一个错误我自己都犯过。

很多的时候，提前知道道理并不妨碍在关键的时候出错，也不妨碍下次不小心再次犯同样的错误。

把过往的经历整理出来放在这里，无非是想着：万一对谁有用呢?

我自觉不笨，却常常觉得昨天的自己很傻很傻。

这是真实的感觉，甚至我一度因此深深自卑。

后来花了很长时间说服自己：也许是因为你进步太快呢?

当然，自己也知道，这只是一种安慰。进步虽然每天都有，但确实每天都觉得自己进步得太慢——因为世界发展太快，时代的红利总是让更多更年轻的人步伐更快更紧。

所以，如若这些经历、建议对他人有用，终归是好事。